服装高等教育"十二五"部委级规划教材(本科)

服饰图案

(第2版)

徐 雯 编著

中国纺织出版社

内 容 提 要

本书是服装高等教育"十二五"部委级规划教材。该教材包括基础图案与服饰图案两大部分，系统地阐述了图案与服饰图案的概念、特性、基本原理、一般规律和常用的表现手段。重点介绍了服饰图案的特殊形式、丰富内涵和设计方法。同时通过大量图例及说明，展示了服饰图案的多样性和应用的广泛性。

该教材注重基本理论与设计训练的结合，条理清晰，涵盖面广，具有较好的教学指导性和学习参考价值，既可作为高等院校服装专业的教材，也可供服装设计人员及爱好者阅读。

图书在版编目（CIP）数据

服饰图案／徐雯编著. —2版. —北京：中国纺织出版社，2013.3（2023.10重印）

服装高等教育"十二五"部委级规划教材：本科

ISBN 978-7-5064-9449-6

Ⅰ.①服… Ⅱ.①徐… Ⅲ.①服饰图案—服装设计—高等学校—教材 Ⅳ.①TS941.2

中国版本图书馆CIP数据核字（2012）第283941号

策划编辑：李春奕　　责任编辑：宗　静　　特约编辑：温月芳
责任校对：余静雯　　责任设计：何　建　　责任印制：何　艳

中国纺织出版社出版发行
地址：北京市朝阳区百子湾东里 A407 号楼　邮政编码：100124
销售电话：010—67004422　传真：010—87155801
http://www.c-textilep.com
E-mail:faxing@c-textilep.com
中国纺织出版社天猫旗舰店
官方微博 http://weibo.com/2119887771
北京通天印刷有限责任公司印刷　各地新华书店经销
2000 年 1 月第 1 版　2013 年 3 月第 2 版　2023 年 10 月第 15 次印刷
开本：787×1092　1/16　印张：15
字数：222 千字　定价：39.80 元

出版者的话

《国家中长期教育改革和发展规划纲要》中提出"全面提高高等教育质量","提高人才培养质量"。教高[2007]1号文件"关于实施高等学校本科教学质量与教学改革工程的意见"中，明确了"继续推进国家精品课程建设"，"积极推进网络教育资源开发和共享平台建设，建设面向全国高校的精品课程和立体化教材的数字化资源中心"，对高等教育教材的质量和立体化模式都提出了更高、更具体的要求。

"着力培养信念执著、品德优良、知识丰富、本领过硬的高素质专门人才和拔尖创新人才"，已成为当今院校教育的主题。教材建设作为教学的重要组成部分，如何适应新形势下我国教学改革要求，配合教育部"卓越工程师教育培养计划"的实施，满足应用型人才培养的需要，在人才培养中发挥作用，成为院校和出版人共同努力的目标。中国纺织服装教育协会协同中国纺织出版社，认真组织制订"十二五"部委级教材规划，组织专家对各院校上报的"十二五"规划教材选题进行认真评选，力求使教材出版与教学改革和课程建设发展相适应，充分体现教材的适用性、科学性、系统性和新颖性，使教材内容具有以下三个特点：

（1）围绕一个核心——育人目标。根据教育规律和课程设置特点，从提高学生分析问题、解决问题的能力入手，教材增加相关学科的最新研究理论、研究热点或历史背景，章后附形式多样的思考题等，提高教材的可读性，增加学生学习兴趣和自学能力，提升学生科技素养和人文素养。

（2）突出一个环节——实践环节。教材出版突出应用性学科的特点，注重理论与生产实践的结合，有针对性地设置教材内容，增加实践、实验内容，并通过多媒体等形式，直观反映生产实践的最新成果。

（3）实现一个立体——开发立体化教材体系。充分利用现代教育技术手段，构建数字教育资源平台，开发教学课件、音像制品、素材库、试题库等多种立体化的配套教材，以直观的形式和丰富的表达充分展现教学内容。

教材出版是教育发展中的重要驵成部分，为出版高质量的教材，出版社严格甄选作者，组织专家评审，并对出版全过程进行跟踪，及时了解教材编写进度、编写质量，力求做到作者权威、编辑专业、审读严格、精品出版。我们愿

与院校一起，共同探讨、完善教材出版，不断推出精品教材，以适应我国高等教育的发展要求

中国纺织出版社

教材出版中心

第2版序

　　本教材紧紧围绕服装专业的特点和相应的训练要求，将基础图案与服饰图案的内容相结合，在造型基本功训练和创造能力培养的基础上，系统而明晰地阐述了服装装饰的基本原理、特殊规律和设计方法。书中就服饰图案特性的五点总结、构成规律的四个归纳、应用与设计的详尽分析以及对基础训练内容所作的选择等方面，提出了新的思路和独到的见解。该书自2000年出版以来，以其鲜明的特色、丰富的内容以及明确的教学针对性而受到服装院校以及相关专业人士的认可与好评。

　　为适应时代发展和新的教学形式的需要，基于十多年的教学实践检验和积累，我们对该教材进行了修订。新的修订本将以更大的力度投注到教学创新的探索上，在借鉴国内外相关学科的改革成果和新的教学模式的基础上，对原来不够完善的部分内容作了必要的调整和修改，增加了有关新型装饰语言和表现手法的介绍，补充了服饰图案比较与赏析等内容，在紧扣时尚前沿的同时强调对中华民族的传统服饰以及其他民族民间服饰的关注与认知，突出前瞻性和经典性。修订本内容具体、丰富，综合体现了基础理论与设计实践相结合的指导思想，力求更加切合教学实际，适应社会需求，符合新时代的发展。

　　书中的插图和附图也作了较大幅度的更新和补充，并尽量配以图片说明，增强其参照性和可读性。修订本还选用了北京服装学院一些学生的作业，这些作业虽难免有稚嫩之处，但不乏创意，作为课程教学的缩影，能较为直观地反映出我们的教学思路。由于书中图片较多且来源繁杂，以致难以一一注明详尽的信息（包括不少冠以"学生作品"的图片），在此谨对原作者深表歉意。同时也希望原作者能鼎力相助，告知有关信息，以便将来有机会时弥补不足。由于时间紧促以及其他种种困难，图片选用未征得原作者同意的，恳请谅解。

　　本书的修订再版要特别感谢中国纺织出版社的领导和李春奕女士的信任与支持，感谢北京服装学院相关领导的关怀，感谢王越平老师、公亮、时佳、冯妍同学的帮助。希望此书能够给服饰图案教学以及服饰设计学习者、爱好者以借鉴和帮助。书中不当之处敬请专家、同行和读者给予批评指正。

徐雯

2012年6月

教学内容及课时安排

章/课时	课程性质/课时	节	课程内容
第一章 （4课时）	基础理论 （6课时）		·服饰图案概述
		一	图案与服饰图案
		二	图案的艺术特性
		三	服饰图案的艺术特性
		四	图案与服饰图案的产生
第二章 （2课时）			·服饰图案的形式美规律及法则
		一	形式要素
		二	形式美的基本规律
		三	形式美法则
第三章 （14课时）	理论与基础训练 （24课时）		·服饰图案基础
		一	收集素材
		二	造型
		三	构图与组织形式
		四	表现形式及技法
第四章 （10课时）			·服饰图案形象
		一	造型的意向与依据
		二	具象图案
		三	抽象图案
		四	服饰图案色彩
		五	服饰图案的工艺表现
第五章 （6课时）	理论与设计训练 （24课时）		·服饰图案的构成
		一	点状构成
		二	线状构成
		三	面状构成
		四	综合构成
第六章 （18课时）			·服饰图案的设计与应用
		一	设计原则与程序
		二	设计形式
		三	设计要领
		四	应用意义
		五	应用常规
第七章 （2课时）	理论课 （2课时）		·服饰图案的比较与赏析
		一	中西古典服饰图案比较
		二	汉族传统服饰图案赏析

注　各院校可根据自身的教学特点和教学计划对课程时数进行调整。

目录

第一章 服饰图案概述 …………………………………………… 001
第一节 图案与服饰图案 …………………………………… 001
一、图案与服饰图案的概念 ………………………… 001
二、图案与服饰图案的关系 ………………………… 002
三、图案及服饰图案的分类 ………………………… 003
第二节 图案的艺术特性 …………………………………… 007
一、装饰性 ……………………………………………… 007
二、从属性 ……………………………………………… 007
第三节 服饰图案的艺术特性 ……………………………… 008
一、纤维性（材料特征） ……………………………… 008
二、饰体性（载体特征） ……………………………… 009
三、动态性（展示特征） ……………………………… 010
四、多义性（内涵特征） ……………………………… 012
五、再创性（创作特征） ……………………………… 013
第四节 图案与服饰图案的产生 …………………………… 014
一、图案的产生与发展 ……………………………… 014
二、服饰图案的起源 ………………………………… 023

第二章 服饰图案的形式美规律及法则 …………………………… 030
第一节 形式要素 …………………………………………… 030
一、形 ………………………………………………… 030
二、色彩 ……………………………………………… 034
三、质 ………………………………………………… 035
四、结构 ……………………………………………… 035
第二节 形式美的基本规律 ………………………………… 036
一、形式与形式美 …………………………………… 036
二、形式美基本规律 ………………………………… 038
第三节 形式美法则 ………………………………………… 040
一、对称与平衡 ……………………………………… 040

二、对比与调和 ·· 042

三、节奏与韵律 ·· 043

四、条理与反复 ·· 044

五、比例与权衡 ·· 045

六、动感与静感 ·· 047

第三章　服饰图案基础 ··· 050

第一节　收集素材 ·· 050

一、素材之源 ·· 050

二、写生 ·· 054

三、摄影 ·· 058

四、记录 ·· 059

第二节　造型 ·· 060

一、造型手法 ·· 060

二、装饰处理 ·· 069

第三节　构图与组织形式 ······································ 072

一、装饰构图 ·· 072

二、组织形式 ·· 073

第四节　表现形式及技法 ······································ 087

一、黑白表现 ·· 087

二、色彩表现 ·· 091

三、表现技法 ·· 097

第四章　服饰图案形象 ··· 104

第一节　造型的意向与依据 ··································· 104

一、造型意向 ·· 104

二、造型依据 ·· 105

第二节　具象图案 ·· 105

一、花卉图案 ·· 105

二、动物图案 ·· 108

三、风景图案 ·· 110

四、人物图案 ·· 112

五、人造器物图案 ·· 113

第三节　抽象图案 ·· 114

一、几何形图案 ··· 115

二、随意形图案 ··· 117

三、幻变图案 ·· 117

四、文字图案 ·· 117

五、肌理图案 ·· 119

六、无序综合图案 ·· 123

第四节 服饰图案色彩 ·· 123

一、服饰图案与服装的色彩关系 ···························· 124

二、服饰图案色彩设计的相关因素 ························· 126

三、服饰图案色彩处理 ····································· 128

第五节 服饰图案的工艺表现 ···································· 130

一、平面式 ·· 130

二、凹凸式 ·· 134

三、立体式 ·· 139

第五章 服饰图案的构成 ·· 142

第一节 点状构成 ·· 142

一、点状构成的特点 ······································ 142

二、点状构成的形式 ······································ 142

第二节 线状构成 ·· 146

一、线状构成的特点 ······································ 146

二、线状构成的形式 ······································ 147

第三节 面状构成 ·· 149

一、面状构成的特点 ······································ 149

二、面状构成的形式 ······································ 150

第四节 综合构成 ·· 152

一、综合构成的特点 ······································ 152

二、综合构成的形式 ······································ 153

第六章 服饰图案的设计与应用 ·································· 156

第一节 设计原则与程序 ·· 156

一、设计原则 ·· 156

二、设计程序 ·· 157

第二节 设计形式 ·· 158

一、局部装饰设计 ·· 158

二、整体装饰设计 ·· 162

第三节 设计要领 ·· 167

一、从属功能 ·· 167

二、凸显风格 ………………………………………………………… 168

三、贴切款式 ………………………………………………………… 169

四、契合结构 ………………………………………………………… 170

五、慎选部位 ………………………………………………………… 171

第四节 应用意义 ……………………………………………………… 172

一、审美意义 ………………………………………………………… 173

二、功用意义 ………………………………………………………… 173

第五节 应用常规 ……………………………………………………… 177

一、不同功能的服装装饰 …………………………………………… 178

二、不同性别的服装装饰 …………………………………………… 182

三、不同年龄的服装装饰 …………………………………………… 183

四、不同材料的服装装饰 …………………………………………… 187

五、不同季节的服装装饰 …………………………………………… 191

第七章 服饰图案的比较与赏析 …………………………………… 195

第一节 中西古典服饰图案比较 ……………………………………… 195

一、总体比较 ………………………………………………………… 195

二、局部比较 ………………………………………………………… 198

三、关于"对称"的比较 …………………………………………… 201

四、关于"和谐"的比较 …………………………………………… 204

第二节 汉族传统服饰图案赏析 ……………………………………… 206

一、丰富多样 ………………………………………………………… 206

二、精致讲究 ………………………………………………………… 206

三、寓意深远 ………………………………………………………… 210

参考文献 …………………………………………………………………… 212

附图（一） 中外服饰图案实例 ………………………………………… 214

附图（二） 学生作业 …………………………………………………… 225

第一章　服饰图案概述

在各类图案中，服饰图案可以说是与人的关系最直接、最密切的一种。人的复杂性和人们需求的多样性，使得服饰图案呈现出丰富多变的面貌，尤其当代服饰图案更是异彩纷呈、气象万千。所以，学习服饰图案重要的一点就是广泛涉猎，不仅要深入地学习图案自身的各种结构形式、组织方法、表现手段，而且要尽可能全面地了解古今中外各种类型、各种风格的图案艺术。

另外，作为一名服装设计师，不但要会设计图案，更重要的是会选择图案，利用现成的图案为自己的设计服务，因而培养一种分析、判断、选择的能力尤为重要。相对而言，服装专业的图案学习也许不像染织专业或其他专业那样专、精、细，但它更需要往广、博、深的方向努力，更需注重对图案文化背景、特征及蕴涵的探索与表现，注重对以人为中心的服饰规律特征的学习与研究。

作为服装设计专业的服饰图案学习，其根本目的在于为学生掌握专业技能打下坚实的基础。因此，**要解决两个问题：一是作为基础训练，培养学生的设计意识和审美能力，训练学生的造型技巧，使其逐渐进入专业状态；二是作为专业训练，培养学生针对服装的装饰意识，训练学生适应服饰广泛需求的装饰技能。**显然，这就不仅仅是让学生学会画几幅漂亮的图案，更重要的是使学生深刻理解图案与服饰的关系，掌握服饰图案特有的内在规律和形式特征，开阔眼界，熟练技巧，练就广泛适应、灵活运用、独立创造的能力。

第一节　图案与服饰图案

学习服饰图案的目的在于了解服饰图案的特性、装饰规律，掌握基本的装饰方法和技巧，学会从多个角度认识和吸纳各种装饰元素，创造出优美、适用的服饰图案形象，为服装设计和着装者服务。服饰图案是图案艺术的一个重要分支。因此，要学好服饰图案，首先应弄懂什么是图案，什么是服饰图案，明白图案与服饰图案的关系。

一、图案与服饰图案的概念

（一）图案的概念

图案，无论其发生、发展的历史过程，还是其表现广泛的现实形态，都与人类生活的切实需要息息相关，可以说，生活的每个角落都有图案存在。所以，图案不仅是美术学的一个专门学科，也是一项具有极大普遍性、实用意义很强的艺术实践，是实用与审美紧密结合的造型形式。

"图案"一词于20世纪初从日本传入中国，其含义是指有关装饰、造型的"设计方案"。从汉语的字义上讲，"图"有"形象"、"图形"之意，"案"有"文件"、"方案"之意，所谓"图案"，即可理解为有关"形象、图形"的"方案"。

具体到设计领域，图案可从广义和狭义两个层面理解。从广义上讲，图案是从美学的角度对物质产品的造型、结构、色彩、肌理及装饰纹样所进行的形象创造和方案设计，其包括的内容很多，涉及的范围很广。从狭义上讲，图案是指某种纹饰，即按形式美规律构成的某种或拟形或变形、或对称或均衡、或单独或组合的具有一定程式和秩序感的图形纹样或表面装饰。

（二）服饰图案的概念

这里所说的"服饰"是指衣着、穿戴，既包括服装，也包括配饰、附件等，是一个整体而宽泛的概念。而"服饰图案"则为用于服装及配饰、附件以及与衣着有关的装饰设计和装饰纹样。

从具体意义上讲，服饰图案与服装设计是有区别的。前者侧重于服饰的装饰、美化，要求从属于既定的服饰；后者虽也离不开审美，但其更侧重于围绕人这一中心对服饰的总体进行规划，其中包括式样、结构、用途的构想及实现的途径等。当然，从广义上讲，两者是不可分割的，服装设计常常包括服饰图案设计，服饰图案设计也绝对离不开服饰形象的总体规划。

二、图案与服饰图案的关系

图案与服饰图案的关系是一般与特殊、共性与个性的关系。如果说图案所解决的问题带有普遍意义的话，那么服饰图案则是针对服饰这一对象解决具体问题的。学习服饰图案，应以了解图案的一般法则和基本知识为起点，逐步进入对服饰图案特殊规律、专业知识和技能的掌握。

在此应该特别强调的是：**服饰图案 ≠ 服饰 + 图案。服饰图案与其装饰对象之间的关系不是粘贴、添加的关系，而应是一种融合的关系。**

当服饰上有了图案，那么这一图案就必定要体现服饰特定的属性，或赋予服饰某种新的意义或形式，否则图案就成了多余的累赘。反过来说，图案只有在与服饰融为一体的时候才会有生命，因此它必须适合服饰的种种限定与要求，它只属于自己的装饰对象，而不能游离于其外。

三、图案及服饰图案的分类

研究、探讨图案及服饰图案的分类，主要是为了更加深入地理解图案和服饰图案的属性、特征，更加清晰、全面地认识图案和服饰图案的概念、含义及应用范围。图案和服饰图案涉及的领域不同，所以其分类也不同。

（一）图案的分类

图案所涉及的领域非常广泛，衣、食、住、行、用无所不包，因此图案的分类应该是多角度、多层次的。就一般情况而言，图案可有以下分类：

1. 从应用对象分类 可分为纺织品图案、建筑图案、服饰图案、家具图案、装潢图案、广告图案等。

2. 从材质工艺分类 可分为陶瓷图案、丝绸图案、木雕图案、石刻图案、金属图案、景泰蓝图案等。

3. 从构成形式分类 可分为单独式图案、连续式图案和群合式图案（详见第三章、第三节"二、组织形式"）。

4. 从存在形态分类 可分为平面图案、平面用于立体的图案、立体图案。

（1）平面图案。指附着于平面载体的图案，它的表现形式是二维的，如纺织、印染、印刷、封面、插图、壁画等图案都属平面图案（图1-1-1）。

图1-1-1 平面图案（彩绘玻璃，19世纪早期，德国）

（2）平面用于立体的图案。指附着于立体载体的表面装饰，如服饰、建筑、各类器皿上的图案等。它是平面与立体的结合，是三维的呈现（图1-1-2）。

（a）海水游龙纹剔红漆盒（清代）　　　　（b）纱丽（现代，印度）

图1-1-2　平面用于立体的图案

（3）立体图案。即图案自身具有立体的属性，其表现形式是三维的，如各种装饰雕刻，门窗、围栏的装饰，器物、家具的装饰部件等都属立体图案的范畴（图1-1-3）。

图1-1-3　立体图案（传统民居结构装饰，山西）

5. **从造型意匠分类**　可将图案分为具象图案和抽象图案。

（1）具象图案。即具有较完整的具体形象（模拟自然形或人造形）的图案。它分为写实和写意两类，写实类图案形象的塑造偏重于对原有形态特征的如实描绘；写意类图案则偏重于表现形象的神韵和设计者的意趣，在形象的塑造上对原有形态有较大的改变，但不失其主要特点（图1-1-4）。

（a）写实类（古埃及壁画）　　　　　　　　（b）写意类（瓷器图案，宋代）

图1-1-4　具象图案

（2）抽象图案。即由非具象形象组成的图案，它可分为几何形与随意形两类。几何形图案即运用规矩的点、线、面以及各类几何形组合成的图案，其构成形式呈明显的规律性或具有严格的几何骨架；随意形图案即以不规则的点、线、面或自然形象的分解重构，或以一些偶然形随意组合而成的具有审美价值的图案（图1-1-5）。

（a）几何类（壮锦，现代，广西）　　　　　（b）随意类（印花布，当代，北京）

图1-1-5　抽象图案

6. **从教学进程分类**　可将图案分为基础图案和专业图案。

（1）基础图案。主要研究图案的共性问题，如图案的造型、结构、色彩、形式美规律、表现技法等。它一般只作为构思、构图、造型等基本能力的训练，不要求结合工艺、用途等具体实用目的，是图案教学的重要环节。无论何种专业，都必须从基础图案开始。

（2）专业图案。指结合实际应用的图案设计，如服饰、染织、金工、陶瓷等。它要受材料性能、生产工艺、使用目的、经济条件等各种因素的严格制约。专业图案设计必须考虑现实的适应性和明确的针对性。

除以上几种分类外，图案还可以从地域、民族、历史、宗教、阶层、艺术风格等其他角度进行分类，这里不再一一赘述。

（二）服饰图案的分类

服饰图案从广义上可以理解为有关服饰的一切装饰形式，其表现形态极其丰富，可以是平面的，也可以是立体的；可以是肌理的，也可以是缀挂的；可以是局部的，也可以是整体的；甚或是结构的、材质的、综合的……

服饰图案所涉及的范围相当广泛，除了各类服装以外还包括各种纺织面料、件料的装饰设计，如各种裘皮、皮革、棉、毛、麻、丝等面料的拼接设计，各种编织、抽纱、镂花服装的花样结构设计以及各类附件配件（如鞋帽、手套、围巾、腰带、手提包、纽扣、首饰、配饰、挂件等）的装饰处理等。**凡是与服饰相关的各种装饰均属服饰图案设计之列。**所以其在分类上也较为多样，下面介绍常见的几种。

1. **按空间形态分类**　可分为平面用于立体的图案和立体图案。

（1）平面用于立体的图案。包括服装面料、件料的图案设计，服装及附件、配件的表面装饰，这类图案在描画、制作时是平面的，在人们的认识中也是平面的，但其呈现状态是立体的，设计时一定要考虑其穿着在人身上的立体效果，考虑到平面向立体的转换。

（2）立体图案。指图案形象不仅有长度、宽度，还有厚度甚或有悬空状态，主要包括立体花、蝴蝶结、盘花扣以及各种有浮雕、立体效果的装饰和缀挂式装饰等。

2. **按构成形式分类**　可分为点状服饰图案、线状服饰图案、面状服饰图案及综合式的服饰图案（详见第五章"服饰图案的构成"）。

3. **按工艺制作分类**　可分为印染服饰图案、编织服饰图案、拼贴服饰图案、刺绣服饰图案、手绘服饰图案等。

4. **按装饰部位分类**　可分为领部图案、背部图案、袖口图案、前襟图案、下摆图案、裙边图案等。

5. **按装饰对象分类**　针对衣物可分为羊毛衫图案、T恤图案、旗袍图案等；针对着装者可分为男装图案、女装图案、童装图案等。

6. **按题材分类**　可分为现代题材、传统题材或西洋题材等，也可以分为抽象或具象服饰图案等。

第二节　图案的艺术特性

兼实用与欣赏双重功能的图案艺术，既要满足人们的物质需求，也要满足人们的精神需求，还要受到材料、工艺、使用、经济、时尚等各种因素的制约，因而有着许多区别于其他艺术形式的特殊属性和特点，这些属性和特点归纳起来最重要的大概有两点，一是装饰性，二是从属性。

一、装饰性

装饰即修饰、打扮。图案的一个重要作用就是修饰、打扮物质产品，使本来具有实用功能的对象更具审美功能。图案美化着人们的物质世界，也潜移默化地陶冶人们的性情，丰富人们的精神世界，这就决定了它应该具有生动、健康、优雅、美丽的艺术品格，要突出理想化的审美效果，如和谐的关系、适度的比例、精巧的布局、美妙的造型、漂亮的色彩、亲和的质感等。

另外，由于物质产品都要以一定的材料经过一定的工艺制作而完成，所以图案的表现形式必须适应材料、工艺的特殊要求。而且物质产品是为一定对象服务的，不纯粹是设计者个人意志的体现。因而，图案的装饰性往往通过"程式化"、"表面化"、"大众化"等具体特点表现出来。

所谓"程式化"，是指图案的表现形式具有鲜明的规律性和逻辑性，通常以对称、均衡、连续、反复的结构呈现出规范一律、秩序井然的稳定形态。

所谓"表面化"，是指图案的表现竭力弱化图案形象和现实原型的深度关系，不讲究细腻的叙事、复杂的情节和跌宕起伏的心理活动，而往往以单纯、浅平、概括、明快的形式语言表达装饰内容，以更好地切合装饰对象为目的。

所谓"大众化"，是指图案的设计理念和审美内涵服从于大众的普遍需求，要侧重于体现具有广泛社会基础的普遍审美追求和一般价值取向，而不特别地强调设计者个人的意愿和个性表达。

二、从属性

无论从广义还是狭义的角度理解，图案都不是最终的、完整的产品本身，也不是装饰艺术价值的最终体现。图案只有通过物化或附丽于一定的装饰对象，并与其贴切、融洽地相适合时，才能真正实现其价值，也才真正地具有了合于物质需要的适用性和审美性。所以，图案具有很强的从属特征。

这种"从属"表现为它在依附一定物质产品或装饰对象的过程中，必定要受到物质材料、生产工艺、使用功能、适用对象、经济成本、市场需求以及社会风尚等相关条件的约束，并且要在接受这些条件约束的前提下，将其进行创造性的审美转化。这是装饰图案区别于纯欣赏艺术的一个重要特点。

图案的从属性又决定了它的丰富性。不同的材质、不同的工艺制作会使图案的装饰形式十分多样并使其视觉效果产生很大的差异，图案往往由其从属性中获得非同一般的艺术品格和不可替代的审美价值。

第三节　服饰图案的艺术特性

服饰图案作为整个图案艺术的一个部分，自然具有如上所述的"装饰性"和"从属性"。但服饰图案作为相对独立的一个门类，还有着自己特定的装饰对象、工艺材料、制作手段和表现方法，当然也具有它自己的特殊属性。下面从材料、载体、展示状态、内涵价值和创作方式等方面阐述服饰图案的特性。

一、纤维性（材料特征）

纤维性是服饰图案适应材料而呈现的一种特性。

服装的面料一般而言主要用两类材料制成：纺织纤维和非纺织纤维。纺织纤维包括棉、毛、丝、麻和化学纤维等；非纺织纤维包括天然裘皮、皮革和人造革等。由于服饰图案大多都是附着在面料上的，所以这两类材料所具有的性状就成为服饰图案的重要质感特征。

无论服饰图案所采用的装饰手段是钩、挑、织、编、绣，还是印、染、画、补、贴，都会自然而然地将纤维所特有的线条、经纬、凹凸、疏透、参差、渗延、柔软等材料特性转移、转化为相应的质感和视觉效果（图1-3-1）。

（a）纤维材料的经纬、凹凸、疏透特点　　　　　（b）纤维材料的柔软、参差、渗延特点

图1-3-1　纤维材料的特性

　　这使得服饰图案往往呈现出一种温厚、柔细、亲和的美感，无论是平面装饰还是立体装饰，都具有可触性和可亲性。显然，服饰图案的这种视觉感受与其他物质表面的装饰图案，诸如陶瓷图案、金属图案等是大不相同的（图1-3-2）。

图1-3-2　服饰图案的"纤维性"（尤珈作品）

二、饰体性（载体特征）

　　饰体性是服饰图案契合着装者的体态而呈现的特性。

　　服装的一个最基本的功能就是包裹人体，服装上的图案，当然毫无例外地与人体有着紧密的关系。人体的结构、形态、部位和活动特点等对服饰图案的设计与表现形式有着至关重要的影响。

　　通常情况下，宽阔、平坦的背部，宜用自由式或适合式的大面积图案，这可以加强人体背面作为主要视角的装饰效果。而隆起的胸部和环形的领部，则是仅次于人脸的视线关注的重要部位，所以图案往往要求醒目而精巧。此外，人体几个大关节转折部位的折凹处一般都不装饰图案，这是由人的活动特点和视觉心理所决定的。再则，人体起伏变化的三维性和可能存在的体态缺陷，还向服饰图案提出了复杂而又妙趣无穷的视差矫正要求（图1-3-3）。

　　恰当的服饰图案与人体是相互作用的，图案可提醒、夸张或掩盖人体部位的结构特点，表现人的气质、个性；而人体的结构、部位特点又可使图案更加醒目、生动、富有意趣。因此，服饰图案不能仅满足于平面形态的完美，还应充分估计其穿戴在人体上的实际效果。脱离了人体特点，服饰图案就成了无本之木。在此意义上讲，与其说服饰图案是饰服的，不如更确切地说是饰体的（图1-3-4）。

图1-3-3　服饰图案的"饰体性"

图1-3-4　服饰图案的位置、形状与人体的部位、结构紧密契合（GIVANCHY）

三、动态性（展示特征）

　　动态性是服饰图案随同装束展示状态的变动而呈现的特性。

　　人是在不断地运动的，作为随服装而依附于人身上的服饰图案，也会随着人的运动相应地呈现运动状态。它向观者展示了一种不断变化的动态美。这种变化的动态美，充分体现出服饰图案特有的审美效果，它融时间与空间于一体，总是处在一种确定又不确定、完整又不完整的辩证状态中（图1-3-5）。

　　例如，一件黑白条纹的衬衫，平铺着观赏难免乏味，但穿在人身上运动时便会显出无穷的魅力，那些平行均等的条纹立刻因皱褶的出现、运动方向的不同而发生丰富的变化。再如，两块相同的花布，分别被做成床单和连衣裙，我们会发现铺在床上和穿在女孩身上的视觉效果大不相同。显然，床单是以平面的、静止的状态展示效果的，而连衣裙则是以立体的、运动多变的形式呈现于人们眼前。完整、确定的花布图案由于裙子穿着于人体时而随机出现的起伏、皱褶和折叠变化，就显得不那么完整、确定了，给人以时变时异的视觉效果。穿戴在运动着的人体上的服饰，其装饰图案常处于一种变动的状态，这是它有别于一般静态装饰图案的一个突出而重要的特性（图1-3-6）。

图1-3-5　服饰图案总是处在一种确定又不确定、完整又不完整的辩证状态中（引自《BOOK》，2011）

图1-3-6　服饰图案的"动态性"（CUY LAROCHE）

四、多义性（内涵特征）

多义性是服饰图案体现服饰的多重价值而呈现的特性。

一般而言，服饰除了具有基本的蔽体和美化价值外，还综合体现着穿着者追逐时尚、表现个性、隐喻人格、标示地位等多重价值要求。因此，服饰图案不仅是服饰的纯美化形式，而且也是蕴涵多重价值的重要手段。

人的复杂性，决定了服饰及服饰图案要以内涵的多义性来赢得穿着者的认可。通常，服饰图案的设计多是把着装者分成不同的类型来考虑多义性内涵的。例如，同样是职业女性，则有趋时与自持、文静与豪爽、文化素养高低等差异，因此某一服饰图案就有可能是针对其中某一类型的女性来进行设计的。时下流行的那种幽默、大方、明快的漫画式服饰图案，显然包含了都市青年的意识、乐观豁达的性格、自信洒脱的态度、快餐式的消费兴趣和比较宽裕的经济条件等这样一些含义。通过一定的服饰图案，人们能大体揣测到穿着者的情趣、爱好、修养和所处层次，也能领悟到一定时期的流行趋势和社会风尚，还能感受到宏观的服饰文化和民族精神（图1-3-7）。

图1-3-7　服饰图案的"多义性"（EMPORIO ARMANI）

服饰图案的多义性还体现在审美的主客体关系上。从观者的角度上讲，服饰图案与穿着者合为一体，具有被观赏性，成为审美的对象；从着装者的角度上讲，服饰图案又具有自我欣赏、自我表现的意义。**在这里，审美的主体与客体是一体的，服饰图案的这一特性是其他图案所不具备的。**

有些服饰图案不仅作为装饰，还具有一定的实用功能，如盘花扣、花形插袋、各种系带等。另外，服饰图案还有标志服饰档次和品格的作用。总之，**服饰图案的多义性，不仅表现在图案与人的关系上，也表现在图案与服饰本身的关系上**（图1-3-8）。

五、再创性（创作特征）

再创性是服饰图案于面料图案基础上得以创造性转换的一种特性。

服饰图案的设计包括专门性设计和利用性设计两大类。专门性设计是针对某一特定服装所进行的图案装饰设计；利用性设计即利用现成图案进行有目的的、有针对性的"转化"设计。所谓"再创性"是针对后者而言的。

许多服饰都是用带有图案的面料做成的。但面料图案并非服饰图案，两者之间有一个转化、再创造的过程。正如画家用色彩作画、音乐家用音符作曲一样，设计师选择、利用现成图案，就是在进行设计和再创造（图1-3-9）。

图1-3-8　服饰图案的"多义性"，服饰部件亦为装饰（D&G）

图1-3-9　服饰图案的"再创性"（ALEXANDER MCQUEEN）

带有同样图案的面料，经设计师的不同构思，运用在不同的服装和不同的装饰部位，就会产生不同的审美效果。甚至同一款式的服装用同一图案的面料，由于裁剪、拼接方式的不同，其图案效果也会有很大差异。**服饰图案的这种再创性，使得原来单一的面料图案具体化、个性化、多样化，呈现出丰富多变的视觉效果。**如果说一般图案设计都有明确目的性的话，那么，服饰图案的再创造则是体现了设计师对现成图案的一种有目的的假借、利用和再设计（图1-3-10）。

（a）　　　　　　　　　　　　　（b）

图1-3-10　现成图案的再创造（DRIES VAN NOTEN）

第四节　图案与服饰图案的产生

一、图案的产生与发展

人类在蒙昧时期所创造的初始形态的造型艺术可谓是混沌的，装饰、绘画、记事、祈祷等皆以最直观、最简约的"图案"或者说"图形"的形式来表现。所以，我们这里所谈的"图案的产生"亦即造型艺术的产生，或者说艺术的起源，亦即图案的起源。

（一）关于图案产生的各种学说

图案的历史源远流长。从人们开始知道保护自己、装点自己，开始试图描画、记录某些事物和思想的时候起图案就诞生了。对于那些最原始的人工印迹，无论称之为"纹饰"也好，"符号"也罢，我们都可以把它看做是图案的雏形。

从整个人类文明史来看，图案的产生与发展是具有共性的文化现象。而且从最基本的几个图案类型来看，各地也具有共同性。如石器、陶器、青铜器上的螺旋纹、绳结纹及一些符号形式等，在几个大陆和几大文明发祥地均有出现。

那么，图案是怎样产生的？出于何种契机？源于何种目的？专家学者有着诸多的探究和论说，影响较大的有以下几种。

1. **模仿说** 这种理论认为，图案形象的出现是人们摹绘自然形态的结果，这无疑是有依据并有说服力的。模仿说对于那些具有写实特征的具象图案的出现是一个很好的解释。但对于一些抽象形、几何形的图案就很难解释了，因为这些形态在自然界中并不存在。事实无法证明抽象形图案都是由自然形图案演变而来的，或者说自然形图案的出现一定早于抽象形图案。所以用模仿自然来解释图案的产生，只能解决问题的一部分。

2. **技术说** 这种理论认为，那些常见的抽象纹饰产生于对"人造自然"的模仿，即对人们制造器物时所产生的纹理、印迹或线形的模仿。如制陶所形成的盘条纹、旋切纹、拍印纹，削切所形成的直角、斜角，编结所形成的网纹、席纹、人字纹等。这种理论把抽象形图案的起源归结为生产技术的结果，从一定意义上解答了问题，视角独特，论证有据，曾引起过普遍关注和认可。但此理论显然不能涵盖全部，大量考古事实证明，早在编结、制陶等技术生产之前，在许多石器上就已经出现了形象丰富的抽象图形。

3. **抽象与移情说** 这种理论将原始的造型活动归结为抽象冲动和移情冲动，进而将造型艺术归为两种艺术形式——几何抽象艺术和自然写实艺术。并解释说："移情冲动是以人同自然外界紧密而又神奇的具有泛神色彩的关联为条件，而抽象冲动则是人对自然外界各种不能理解的现象产生恐慌和不安的产物。这种异常的精神状态，我们称之为对空间的恐怖。"（沃林格语《抽象与移情》）又有人进一步解释说，所谓"空间恐怖"即一种希望添补空白的情感，装饰纹样就是人们企图填充虚无空白的一种本能的表现。于是，因"空间恐怖"而本能地填补纹样，成为图案产生的原因。这种理论从人的精神活动的角度分析问题，并且兼顾了自然形与抽象形两个方面，见解深刻而独到，从一个新的层面（装饰的动机）解释了问题。当然，从大多数原始器物的装饰来看，其存在形式是与人们的生活实践紧密联系的，有着一定的实际功利目的，而绝非纯形式的填充空间，也很难说就是出于摆脱空间恐怖的本能表现。

4. **巫术说** 这种理论认为图案产生于远古时期的巫术活动。巫术所使用的符号、化妆、道具、服饰都是图案形成的重要来源。巫术有模仿巫术和交感巫术,两者在举行仪式、作法时都会使用、借助一些法器、符号,这些东西往往会呈现抽象形或自然形。因而,某些图案形象直接产生于巫术是有可能的,但若说图案就产生于巫术,显然没有太强的说服力,因为迄今为止还没有资料能充分证明巫术的发生早于图案的产生。

5. **游戏说** 这种理论认为装饰纹样的产生是游戏的结果,是"生命力过剩"的产物。人们工作是迫于生计的需要,而游戏则是精力过剩的宣泄。游戏的冲动产生于摆脱工作束缚的享受与快乐,并导致舞蹈、音乐、装饰等艺术形式的出现。比如,人们制作陶器是为了物质生活的需要,是"工作",而上面的彩绘实际上是可有可无的,它不影响陶器的使用,只有在人们还有剩余的精力、为满足精神层面的需求时,才会去画它,这很可能就是"游戏"。当然,事实上原始的装饰纹样远不只是单纯的娱乐,它们中有许多是含有严肃意义的,功能性、功利性都很强。

6. **劳动说** 这种理论认为人类的一切艺术活动(当然包括图案)的产生都源于劳动。人们在劳动中认识世界、改造世界。劳动的艰辛、获得劳动成果的快乐以及劳动所产生的节奏感、形式感都加深了人们对周围事物的认识和感悟,而这种认识和感悟久而久之就会以被凝练转化为艺术的形式表现出来,诸如音乐、舞蹈、诗歌、绘画等,装饰图案也是伴随着这个过程而产生的。

7. **装饰说** 这种理论认为,图案的本质在于装饰其所依附的载体,所以图案的起源即来自装饰的需要。人们为了凸显某种特殊的意义或用途,在自己身上或器物上装饰各种纹饰,于是就产生了图案。在器物上装饰图案是为了记录事物、传达信息,或为了赋予其灵性与神鬼沟通,或为了便于识别、使用,或仅仅为了赏心悦目;在身体或服饰上装饰图案是为了吸引异性、识别族群,或是为了彰显身份、炫耀地位等。原始装饰的目的多种多样,其结果即是图案的出现。

关于图案产生的理论学说还有很多,诸如"启示说"、"图腾说"、"人之本能说"等,不在此一一介绍了。总之,各种理论都从各自的角度阐述了图案的起源,是专家学者调查、研究、思考的结晶和成果,并在一定范围内、一定程度上解决了问题。这些理论的相互补充或许能够使人们获得较为全面、正确的结论。同时也可以看出,图案的产生包含着复杂的因素,它绝不是生活现象的简单重复和再现。这一切对人们理解图案的丰富内涵,无疑具有启迪意义。

(二)几种典型纹样的发展

图案的形象千变万化,包罗万象。各地区、各民族都有其独特的、具有代表性的图案纹饰。但正如前文所述,在漫长的发展、演变过程中,各地图案的形成也存在着一些共同的特点,有的甚至如出一辙。解释、了解这些现象有助于更加深入地认识图案这一艺术形式与历史、文化的关系及其自身的一些发展规律。下面阐述几种主要的纹样。

1. **螺旋纹** 螺旋纹是最早出现的几何纹样之一,在世界各地的原始文化遗存中几乎都有存在。爱尔兰的巨石文化中有布满螺旋纹的刻石，据专家分析，这些螺旋纹象征着生与死、世间与阴间相互连接的神秘路线。古埃及的螺旋纹已被公认为是回旋宇宙的象征，或代表着太阳、月亮、流水、蛇等。在中国，著名的仰韶文化马家窑彩陶上，螺旋纹或称"旋涡纹"随处可见，它们像旋转的水涡，又像虫蛇或藤蔓类植物的盘绕，更像物体盘旋运动的轨迹。此外，在爱琴文化、希腊文化、玛雅文化、印加文化的遗物中都存在着数量可观的螺旋纹。这些不同地区、不同文化的螺旋纹何以产生？指征着什么？还有着许多迷点。但有一点可以肯定，螺旋纹很适合表达人们的某些观念和感受，诸如对流动返转、周而复始的自然运动规律的认识以及旋转感、变幻感、运动感、兴奋感、神秘感等，其形式受到人们的普遍喜爱。翻开世界纹样史不难发现，螺旋纹就像是一个永恒的母题，各个时期、各个地方的人们以各种方式不断地使用着它，至今螺旋纹仍然散发着迷人的魅力，仍闪现着它那活跃的身影（图1-4-1）。

（a）螺旋纹彩陶大瓮（马家窑
文化，中国甘肃）　（b）卡马雷西式带嘴陶罐（公元前
1900～前1700年，克里特岛）　（c）印第安陶器（北美）

图1-4-1　螺旋纹

2．"卍"纹　"卍"纹被誉为世界上最古老的纹饰之一，其梵文的拉丁语转写形式为"Swastika"，在中国"卍"被读为"万"。"卍"纹在印度出现较早，而且含义清晰，运用很广，"卍"在佛教中被作为"吉祥"、"幸运"的符号而广为流传，以致人们常常误认为印度是"卍"纹的发源地。实际上，在佛教诞生以前，在许多古老文明发源地的遗物上，"卍"纹已大量存在。例如，我国4000年前的马厂彩陶上，就有许多"卍"形纹饰；在后来的青铜器上，那些被称为"同"字纹或"光明纹"的图案形象，其结构也都是"卍"形。在其他地方，如美索不达米亚的钱币、高加索地区的古代青铜壶、特洛依遗址中的铅质女神像、法国出土的石祭坛基座以及希腊陶瓶等器物上，都有各种形式的"卍"纹。这些"卍"纹有左旋的，也有右旋的，含义也相当丰富。

就起源而言，"卍"纹很可能是各地独立产生的。因为人们在进行横竖线交叉造型时很容易构成此形象，正像画个"十"字那样简单。甚至有人认为"卍"纹就是"十"字纹的弯曲变体，因而它也有"曲柄十形"之称。

总的来说，世界各地的"卍"纹，似乎大多带有某种宗教色彩或崇拜意义，或象征太阳、光电、生殖、吉祥等。这大概与"卍"纹的形状有关，它那旋转、放射的视觉感受很容易让人联想到耀目的光芒、燃烧的火焰、交尾的生命，从而产生一种神秘而又神圣之感。因此"卍"纹是一种纹饰，更是一个带有特殊意义的符号。"卍"纹极为简洁、明朗，易画易记，具有强烈的动感和方向性，这大概是它得以广泛流传，经久不衰的重要原因（图1-4-2）。

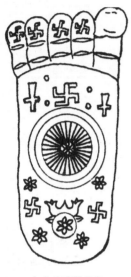

（a）印度佛足印

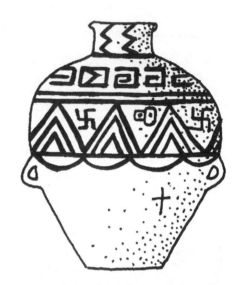

（b）马家窑文化马厂型彩陶

（c）希腊黑绘陶纹样

图1-4-2 "卍"纹

3. **绳结纹** 像螺旋纹、"卍"纹一样，绳结纹也是最早出现并广泛存在的一种纹饰。有的学者认为，它起源于藤葛类植物缠绕的启示和游牧民族"S"蛇形纹饰的演化和发展。在遍布世界各地的绳结纹中，以凯尔特人和阿拉伯人的绳结纹较为丰富并具有代表性。凯尔特绳结纹由曲线组成，多为不规则的自由线条，带有明显的动物形态特征，有一种极力拉长、自由弯曲、随意扭动的特点。阿拉伯绳结纹则严整工细，大多是由规、尺绘制出来的，基本上以直线条为主。阿拉伯绳结纹包括几何、植物两种形态，比凯尔特纹更单纯、简洁❶（图1-4-3）。

---

❶ 参见海野弘《装饰与人类文化》第48页。

（a）凯尔特风格的绳结纹

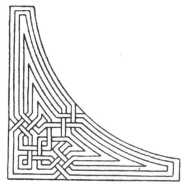

（b）阿拉伯绳结纹

（c）德国绳结纹

图1-4-3　外国绳结纹

　　特别值得一提的是中国绳结纹，中国人对线的理解和运用是相当独到的。在中国图案中，由线条的穿插、缠绕所形成的绳结纹琳琅满目、不胜枚举。较之凯尔特和阿拉伯绳结纹，中国绳结纹更具有编结手工艺所带给人的严谨而又亲切的美感。绳结纹在中国传统的建筑图案、家具图案、服饰图案中应用甚多，如我们所熟悉的百吉纹（又称盘长）、同心结、盘花扣等都是典型的例子（图1-4-4）。

（a）红山文化陶器装饰

（b）清代石刻装饰

图1-4-4　中国绳结纹

绳结纹那种循环往复、延绵不断、错综复杂的特点给人以运动、生命之感。线形之间的连续交叉、位置转换、方向变化，相互连接又相互隔开，让人很难追寻其来龙去脉，这使绳结纹显得神秘、律动并充满魅力，多少年来人们赋予它各种寓意，其形式也在不断地丰富、变化着，时至今日它仍是我们生活中最常用、最重要的纹饰之一。

4. **动物纹、植物纹** 如果说前面所述的螺旋纹、"卍"纹、绳结纹是具有普遍意义的抽象图案，其产生、传播、寓意都带有某些神秘色彩的话，那么动物纹、植物纹则是十分具体而现实的，它是人与自然环境紧密联系的形象写照，带有明显的功利意义，也带有更鲜明的地域性。

普列汉诺夫曾指出：人的审美最初是带有明显的功利目的的。人们对动物、植物的描绘、刻画即是如此。自古以来，人们总是带着赞美、企盼、崇拜的情感去描摹那些最熟悉并能够给他们带来物质利益的对象，如狩猎民族常表现野兽，农耕民族常表现植物，渔猎民族常表现水族。形成鲜明对照的是，**抽象图案往往呈现跨地域的普遍性、一致性，而具象的动、植物图案却呈现出明显的地域区别**。埃及的鹰翅甲虫绝不会出现在希腊陶瓶上，而唐代织锦中的对羊、对鸟联珠纹一看就知道是由波斯传来的。在长期的发展、交流中，各式各样的图案都在不断丰富、变化着，但无论哪一地区、哪一民族都保留了自己最具特色的东西。这种特色不仅表现在构成形式和表现手法上，更表现在不同的动、植物形象的选择与塑造上。

在动物、植物图案发展、演变的过程中，各地似乎都呈现出同一趋势，即先多以动物为主要装饰形象，后来则以逐渐丰富的植物形象取代之而成为主流。这大概是由于动物形态的特征性、整体性更强，从形象的分解组合、装饰的随意性、观者的选择性的角度上看，动物图案远不如植物图案来得自由和适应广泛。因而当图案越来越脱离功利目的，向审美方向转变时，人们自然会更倾向于选择在表现形态上更为随意、适应面更加宽广的植物形象（图1-4-5）。

（a）中国凤纹

（b）希腊掌叶纹　　　　　　　　　　（c）中国唐代织锦中波斯风格鸟纹

图1-4-5　动、植物纹

5. **卷草纹**　卷草纹是一种十分常见的植物纹样，无论是东方还是西方，无论是古代还是现代，各类装饰中到处都能见到。在日本，人们把卷草纹称为"唐草纹"，因为这种纹饰是在唐代从中国传去的。在中国，人们常把卷草纹称为"缠枝纹"，在西方也有称之为"蔓草纹"的。全世界各地方卷草纹的形态结构大体是差不多的，都是波折起伏、连绵不断的一条曲线，类似蜿蜒翻卷的藤蔓植物。但这"藤蔓植物"绝不是自然界中某种植物的再现，而是人们在这条波状线上添枝加叶创造出来的、极富浪漫色彩的优美纹样。

在中国，卷草纹那缠绕、翻卷的结构早在原始彩陶图案、商周青铜图案、春秋战国的漆器、刺绣图案中已有存在。随着佛教的传入，印度的"忍冬"卷草纹被大量使用于各种装饰。时至唐宋，独具中国风格的卷草图案已经完备成熟，发展到了巅峰。

在国外，据阿洛瓦·里格尔（奥地利）分析，最早出现的卷草纹是古埃及人将莲花和纸草两种形态综合而成的。后来美索不达米亚人把水藻纹变化成卷草纹，希腊人又添加了茛苕的结构特征。经过长期的演化，各种不同的植物逐渐融合渗透，最后形成了"卷草"这一独特的纹样结构形式（图1-4-6）。

（a）中国唐代卷草　　　　　　　　　　（b）欧洲卷草

图1-4-6　卷草纹

　　表现植物纹样最重要的因素是植物的枝蔓，它是连接植物各部分如花、蕾、果、叶、芽等的纽带，也是组成装饰纹样的骨架。卷草纹的魅力在于，它巧妙地利用植物枝丫或茎蔓起伏、缠绕的特点，创造出了具有匀齐韵律和优美节奏的结构形式，它的连续性和运动性给人以线条弹性的韵味和生命不息的美感。另外，卷草纹这种结构形式很容易进行添加、变化，并且不断丰富完善。它还易于配合各种形状和装饰对象，灵活性很大。

　　6. 人物、文字（符号或标记）　　人们在表现大千世界时，从不忘记表现自己。在各类原始图像中当然也少不了人的形象，那些刻画在石崖上、描绘在陶器上的极稚拙、简单的人形，可以说是后来人物纹样的发源和鼻祖。早期的人物纹饰大多反映一些重大的场面、重要的故事，如狩猎、战争、收获、乐宴、舞蹈、仪式、宗教活动等；还有表现某些观念的，如反映图腾崇拜、生殖崇拜、祖先崇拜等内容。纵观图案历史，各个时期的人物图案都有着一定的内涵和寓意，即使是服装的边饰、建筑的部件也都求其象征性、完整性。有时还与其他形象并置在一起，构成特定的场景，具有叙事性。人物图案发展到近现代，逐渐走向单纯、唯美、纯装饰。

　　文字及某些符号标记的情况与人物图案差不多。最初它们带有明显的功用价值，用以记载某些重要的事情，或作为某种象征、标志。半坡彩陶上的符号，商周时期的甲骨文、钟鼎文，古埃及的象形文，两河流域的楔形文等，它们用于一些器物的表面并非出于装饰的需要，而是为了叙事、记志。但到后来文字（符号或标记）开始分化为两支，一支为纯功用性的，另一支则带有明显的装饰性。最典型的如我国的文字，其中一支即发展为书法、装饰字等，其主要意义在于塑造出完美的艺术形象，用于审美。再如众所周知的阿拉伯文字图案，发展到后来，有些已变成一种重要的装饰形式。在当今世界琳琅满目的商品市场中，各类物品上的文字图案比比皆是（图1-4-7）。

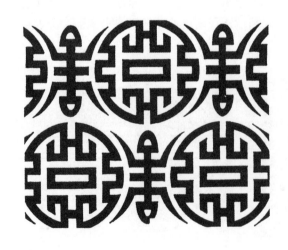

（a）中国寿字纹　　　　　　　　　　　（b）阿拉伯文字

图1-4-7　文字图案

综上所述，图案的产生与发展是循着由侧重功用至趋向审美这样一条规律进行的。随着时代的发展，图案原本所承载的功利作用逐渐丧失，留下了使人赏心悦目的形式，人们越来越注重图案与装饰对象在形式上的完美结合，注重使用者、观赏者审美需求的满足。

二、服饰图案的起源

服饰图案的出现由来已久，可以说它是伴随着服装的产生而产生的。尽管从实用角度上讲，服饰图案是附属品，其存在与否并不影响服装穿着，甚至不会影响服装的审美，但事实上服饰图案从产生之日起就没有消失过，它一直在不断地发展、丰富着。服饰图案产生的原因是多方面的，究其渊源大体可以从以下几个方面分析。

（一）护卫需要

服饰图案的产生原因之一，很可能是出于护卫的需要。在此，"护卫"的意义包括两个方面：一是从精神作用的角度上讲，人对自身的护卫；二是从物质功能的角度上讲，人对服装的保护。

1. 精神护卫　在身体上、服装上用某种纹饰装扮自己，以求得到神灵的保佑，或得到某种勇气和力量，这是人们常用的手段，也是服饰图案产生的重要缘由。这类服饰图案的产生，主要是人们出于在精神上对自身护卫的需要。人们相信，许多图案具有驱邪、纳福的功效，装饰在身体上、服装上可以保护自己。

例如，水族妇女服装上的多层花边，据说最早是用以防蛇咬的；苗族人的花带也具有驱蛇的"功用"；中原地区民间至今仍有给孩子戴虎帽、穿虎鞋及在儿童的肚兜、背心、衣服上装饰"五毒"或"艾虎"的习俗，据说这样可以驱邪、克毒，保护孩子健康成长。国外也有类似的情况，如欧洲一些地方的人们喜欢在服装的开口处（如领口、袖口、前襟、下摆、裤脚、裤腰等）及拼缝处绣上所谓"法力无边的神秘图饰"，以求神的保佑，起到避邪的作用。

另外，在原始人的文身现象中也可以得到这方面的印证。文身的原因极为复杂，其中有一条即为保护自己。据《汉书·地理志》记载，古代越人断发文身是一种伪装，为了下水捕鱼时不被蛟龙伤害；也有学者认为那是一种符号，为求得祖先的庇护。但无论哪种动机，其最终目的都具有护卫意义。

文身与服饰图案有共通性——都是人身的装饰。当人们不再赤身裸体时，文身的部分意义自然会转移到服饰图案上。所以，越人文身与水族妇女的绣花衣边、汉族童衫的五毒图案，其意义是一样的（图1-4-8）。

2. 物质护卫　物质护卫是指现实的、物质方面的保护，这里主要是针对服装的保护而言。服装穿久了会出现破损，为了能够继续穿用，就需要进行缝补。缝补的材料不同、

图1-4-8　源于精神护卫——辟邪的"艾虎"图案（儿童
背心，河南，《中国民间美术全集》）

方法不同，视觉效果也就大不相同。人们出于对美的追求，往往会尽量使缝补之处显得平整好看，这样久而久之就成了一种特殊的装饰形式。

彝族关于挑花产生的传说就是一个生动的例子。据说，十字挑花绣是一个彝族姑娘为缝补恋人衣服上被火星烫出的点点小洞而创造的。现在常用的贴花、补花、刺绣等装饰手段，很可能最初是源于对服装的缝补，这也许是服饰图案产生的一个原因。

仔细观察服饰图案经常装饰的部位就会发现，一般除醒目的部位外，多在衣物易磨损处，如袖口、领口、衣边、膝头、裤脚、围兜的系带处、衣服的开衩处等。显然，这是源于加固、保护服装的需要（图1-4-9）。

（二）指征需要

服饰图案产生的另一个重要原因，是出于指示、象征的需要。人们为了说明某一特定的意义，以图案、符号作为标记装饰在身体上、服装上，这在许多原始文化中是常见的现象。

贡布里希在他的《秩序感》中曾说过："所有的纹样原先设想出来都是作为象征符号的——尽管它们的意义在历史发展的过程中消失。"大量服饰图案从其产生的缘由和存在的形式来看，是有着明显的指示、象征作用的。尽管有许多服饰图案现在已成为纯装饰而

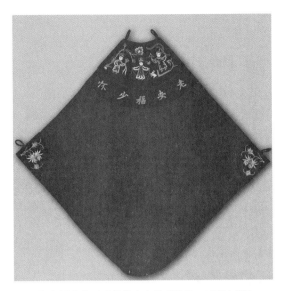

（a）图案位于系带着力之处（肚兜，王群山藏）　　　（b）加固服装边角、开衩处（女褂的开衩部位）

图1-4-9　源于物质护卫

无任何意义（正如贡氏所说，意义已经消失），但仍然有相当一部分图案作为象征一直流传至今，从中我们可以解读出某种含义、某个传说，乃至某一地区、某一民族的风俗、信仰及历史等。所以，服饰图案的指征含义是极为复杂的，表现也是极为多样的。

1. **源于崇拜的指征**　人们崇拜的对象很多，如图腾崇拜、祖先崇拜、神灵崇拜、宗教崇拜、英雄崇拜等。基于这些崇拜，许多图案就作为象征物而出现于服饰中。例如，中国台湾原住民服饰上的蛇形图案，即象征着他们对以蛇为图腾的认同和崇拜，彝族服饰上的火镰纹也有崇拜之意；又如，苗族服饰随处可见的蝴蝶纹、牛变龙纹，便是他们祖先崇拜的指征；纳西族妇女的"七星披肩"则象征着她们对传说英雄"英古"的崇拜和纪念（图1-4-10）。

图1-4-10　源于崇拜的指征（苗族服装上的蝴蝶纹）

　　另外，作为神灵崇拜、宗教信仰象征符号的图案出现在服装上也是常有的，如藏族服饰中的"十"字纹、"卍"字纹，傣锦中的象纹，欧洲一些服饰中的三叶纹、橡树纹等。

　　2. **源于历史的指征**　如果说源于崇拜的图案带有很浓的虚幻或杜撰的色彩的话，那么也有许多服饰图案是源于现实存在的。历史上曾经发生过的真实事件，曾经存在过的风俗习惯、观念意识等常被人们以某种图案作为象征表现在服饰中。

　　例如，维吾尔族花帽上的星月图案，就记载了他们不屈服于契丹人的统治和压迫，坚持信奉伊斯兰教的真实历史事件；再如，基诺族男子服装背部的"孔明印"（也叫"太阳花"），据说是标示了基诺人对孔明的感激和纪念，而贵州小花苗族服饰上象征黄河、长江的黄、红色条纹（也称"城界花"）则折射出这个民族由北向南迁徙的遥远历史（图1-4-11）。

图1-4-11　源于历史的指征（基诺族服装上"孔明印"）

　　3. **源于身份指征**　服饰图案的产生还有一个原因，就是人们出于表明身份、显示地位的需要。在许多遗存的资料里和至今还存在的一些民族群落中，我们常能看到那些首领、贵族、富有者、巫师及战功卓著的英雄们的装扮，比普通人要特殊、华丽、繁复得多，其图案装饰格外醒目突出。很明显，这是地位、权力、财富、功绩的象征。久而久之，这些象征、标志演化为一种抽象的美的因素沉积在服饰中，成为服饰图案的重要来源。中国帝王冕服上的"十二章"纹，阿拉斯加印第安人的披毯图案，西方中世纪贵族的纹章图案等，都是指征身份、地位的极好例证（图1-4-12）。

　　另外，服饰图案还有一种最基本的指征意义，即对着装者的性别、年龄、婚姻状况的指征。无论哪个民族，都十分重视本民族人种的健康发展和繁衍，都要遵守一种宗族伦理

（a）明黄平金云龙袷龙袍（清代，《中国织绣　　　（b）教皇Pius七世和Caprara红衣主教肖像
　　全集4》）　　　　　　　　　　　　　　　　　　　（大卫作品，1806年，法国）

图1-4-12　源于身份的指征

道德的规范。因此，作为性别、年龄、婚嫁标志的图案出现在服装上是十分自然而且必要
的，这也是服饰图案产生的一个重要渊源。例如，苗女以裙多为美，深色裙边标志着装者
已订婚，绿色裙边表示已生育；荷兰马尔肯地区，妇女胸搭上绣的玫瑰花数量也很讲究，
16岁以前绣两朵，16岁以后绣五朵，结婚以后就绣七朵。

（三）工艺需要

　　服装面料很多都由棉毛纱线织制而成。织制所形成的结构肌理、组织纹路是服饰图案
产生的另一个重要来源。如编织物中常有的齿形纹、菱形纹、人字纹、米字纹、田字纹、
八角花等，就是由于受经纬交织的限制而形成的非常规律的、极易得到的几何图案。这也
是为什么许多距离遥远、互无交流的民族或地区的人们，其服饰图案却有着惊人的相似的
原因。例如，中美洲印第安部落"辉车尔"人的服饰图案常出现的八角形"太阳花"，俄
罗斯民间毛织手套的图案与我国壮族织锦、土家族的背包以及彝族挑花上的八角花图案如
出一辙（图1-4-13）。

　　另外，服装缝制拼补的针脚、印染整理的手段也是逐渐形成服饰图案的一个途径。据
说蜡染工艺所形成的美丽纹样，就是染布过程中偶然滴上蜂蜡留下的印迹启发了人们而创

（a）民间毛织手套（19世纪末，俄罗斯）　　　　（b）彝族挑花织物（当代，云南）

图1-4-13　编织物中常见的"八角花"

造出来的。

（四）审美需要

格罗塞（Ernst Gross）曾经说过："喜欢装饰，是人类最早也是最强烈的欲求，也许在结成部落的这意思产生之前，它已流行很久了"（《艺术的起源》）。法国人类学家邵可侣在《社会进化的历程》中也说："世界固有不穿一点衣服的蛮族存在，但不装饰身体的土人却从未见过。"除了种种功利的、寓意的目的之外，求得心理、视觉上的愉悦也是服饰图案产生的因素之一。人们对自然界美好形象的认识和对形式美规律的掌握，也必然会反映在服饰上。

鲜艳的花朵，美丽的动物、植物外表的斑纹，对称的、渐变的、有节奏的、规整划一的形式都能引起人们的感官愉悦。人们用这种能引起快感、愉悦的形象来装饰自己，以达到求美的愿望。这里所说的美是"纯粹的美"，即康德所说的那种"我们不能明确地认识其目的或利益的美"。犹如将一朵漂亮的小花插在头上、别在胸前，在爱美的姑娘心中所引起的那种愉快的感觉一样，服饰图案有时所起的作用即如此。

从最本质、最初始的意义上讲，服饰图案的起源大略可归纳为以上四点，即出于人们"护卫"、"指征"、"工艺"、"审美"的需要。当然，"渊源"肯定远不止这些，诸如源于时尚、源于借鉴、源于生活和生产方式、源于观念意识等，这里就不一一列举了。

需要说明的是，服饰图案的产生是个相当复杂的文化现象。前面所列举的四种渊源关系绝非单纯地孤立存在，而时常是以相互交织或相互交叉的形式出现的。如远隔万里的人们会不约而同地都织出"八角花"纹样，而且流传如此长久，这一方面是工艺制作使然，另一方面它能够满足人们的审美需求，其形象极似自然界中的花朵或雪花，符合多样统一、对称完整的形式美法则。所以，与其说人们在工艺限定中织出了八角花，不如说人们在制作过程中根据审美的需要选择了八角花。

只有从多个角度分析服饰图案的功能与渊源，才能够更加深刻地理解服饰图案的种种表层现象和内涵价值。

第二章 服饰图案的形式美规律及法则

形式美，可谓服饰图案最基本的审美体现。针对一定的设计对象，利用各种形式元素，构成合乎形式美规律和法则的形象是服饰图案设计的基本要求。因此，了解图案形象之形式要素的特性及其合乎规律性组织的一般法则，是学习服饰图案的必要基础和重要内容。

按美学原理，所谓艺术"形式"是相对其"内容"而言的。形式是作品内容的表现方式。服饰图案的"形式"即指其外观形象和组织结构，外观形象具有形、色、质三种属性，组织结构则体现为形象的构成骨架及各种属性的相互关系，它们是构成服饰图案艺术形象的形式要素。

第一节 形式要素

一、形

形，即诉诸视觉的形态。概括地说，服饰图案的形有两大类：具象形和抽象形。它们都以点、线、面、体为基本构成元素，了解这些元素的特性和表情，是领略形式意味和进行图案设计的重要基础。

（一）点

在图案学上，点是可视的细小之形，占据相对的面积。

无论在自然中还是在设计中，点都是一种充满各种可能性的元素。它的单个独立状态显得十分单纯、沉静、稳定。它的积聚和连续状态则使内蕴的潜在生机得以无限地开发。黄宾虹曾说："积点可以成线，然而点又非线，点可千变万化，如播种以籽，种子落土，生长结果。作画亦如此，故落点慎重。"（《黄宾虹画语录》）所言极是。

点的排列秩序、空间位置、体量形式的不同，会产生不同的感觉效果。

1. **一个点** 有向心的性质和强化的作用，可集中引导视线，使画面具有中心。

2. **两个点** 彼此间的作用力可使视线来回移动，产生线的感觉。相同的两个点，会构成相斥的两个中心，给人散的感觉。一大一小、一重一轻的两个点，相互间则会形成吸引力，并使视线由大点转移到小点，产生远近透视感。

3. **多个点** 按一定间隔连续排列的点会产生线的感觉。等大并均匀排布的一片点，产生平静的面的感觉；大小不等且疏密不均的点的聚集，则能产生动感和空间感，具有浓淡、明暗、显晦、远近、起伏等生动的变化效果（图2-1-1）。

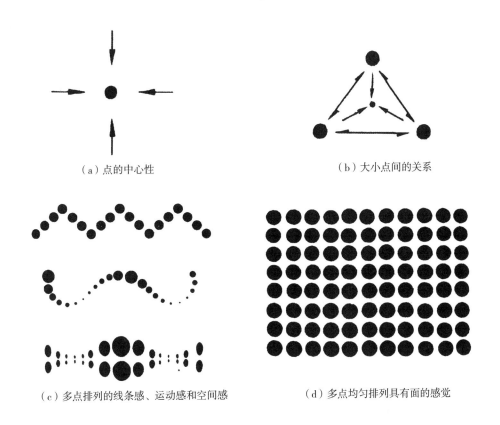

（a）点的中心性　　　　　　　　　　　（b）大小点间的关系

（c）多点排列的线条感、运动感和空间感　　　（d）多点均匀排列具有面的感觉

图2-1-1　点的特性

（二）线

在图案学上，线是可视的细长之形，它既有长度又有宽度，两者呈极端比例。线有直线、折线和曲线。

1. **直线**　指点在单力的作用下，不变方向运动的结果。它具有伸向无限的趋势和明确的方向性，一般给人以严格、坚硬、明快、锐利的感觉。不同长宽比例的直线，表情亦有不同。如长线具有持续感、速度感，短线则具有断续感、迟缓感；粗直线显得厚重、强壮、迟钝，而细直线则显得轻松、纤弱、锐敏。在形态上，直线的变化类型有三种：水平线、垂直线和斜线。

（1）水平线：有稳定、庄重、冷静、平远、宽阔之感。

（2）垂直线：有上升、端正、威严、挺拔、崇高之感。

（3）斜线：有不安、倾斜、运动、速度之感。

2. **折线**　指点在两种力的交替作用下，陡变方向运动的结果。具有直线般的性格和表情，故可视为直线的变异形式。构成折线的两部分线段间有一定的夹角，因此它具有某种类似面的因素，并在夹角的转折处造成很强的方向感和指向性。各种折线的差别主要取决于夹角的大小，根据其角度，大体可分为锐角、直角和钝角，它们都具有运动起伏、凹凸、跳荡、转折之感。

3. **曲线**　指点在两种力的同时作用下，逐渐改变方向运动的结果。它具有很强的流动性和丰富的变化，往往给人以温柔、优雅、丰满、奔放、欢快的感觉。归纳起来曲线分为几何曲线和自由曲线。几何曲线有抛物线、双曲线、等距半径曲线等，具有理性的明快感，显得简洁单纯、端庄规矩；自由曲线则形态变幻丰富，感性、柔美，表情意味显得更加强烈、多样（图2-1-2）。

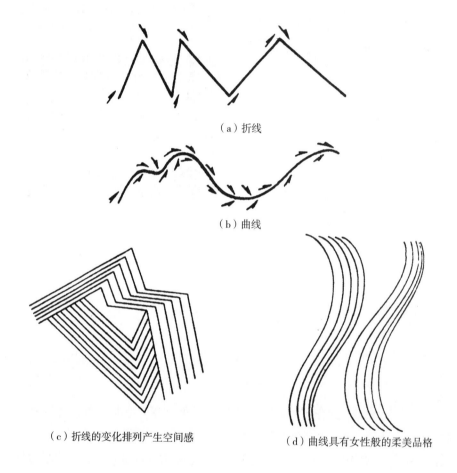

（a）折线

（b）曲线

（c）折线的变化排列产生空间感　　　　（d）曲线具有女性般的柔美品格

图2-1-2　线的特性

（三）面

在图案学上，面是具有幅度的形。相对点和线而言，它具有较大的面积，可以由点和线的均匀聚集而构成。一般来说，二维空间构成的形都可以称之为面。切割或反转一个面可以形成新的面。

平面形有极其丰富的形态，概括起来分为几何形和自由形两大类。

1. **几何形** 凭借规尺等工具以直线或曲线通过数学方式构成，具有强烈的数理性和秩序感，显得简洁、锐利、明快、冷峻。

2. **自由形** 以直线或曲线通过非数学方式构成，具有鲜明的自然性和活泼感，显得丰富、淳朴、生动、亲切。就形态特点而言，自由形还可以分为规范和非规范两类，规范自由形比较概括单纯，具有一定的秩序感，容易引起较明确的、对自然事物的联想；非规范自由形则参差复杂，没有一定的规则，往往引起出乎意料的生动效果。

各种平面形都有面积的量感。大的面有扩张感，小的面有内聚感。实的面形态明确、量感强，刺激力度大；虚的面形态朦胧、量感弱，刺激力度小。实的面被称为积极的面、定形的面，虚的面被称为消极的面、无定形的面（图2-1-3）。

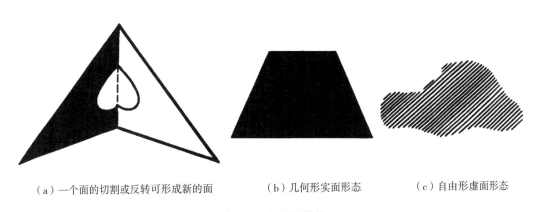

（a）一个面的切割或反转可形成新的面　　（b）几何形实面形态　　（c）自由形虚面形态

图2-1-3　面的特性

（四）体

在平面图案中，体是占据虚拟三维空间的立体形，它有长度、宽度和虚拟的厚度或深度。图案中的体可产生于面的组合、扭转、折叠或穿插，也可由点和线的渐变排列而构成。切割一个体可形成新的体。体具有分量感、空间感和凹凸起伏的张力感（图2-1-4）。

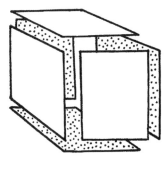 

（a）面的组合形成体　　　　　　　（b）线的渐变排列形成体

图2-1-4

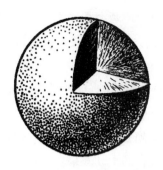

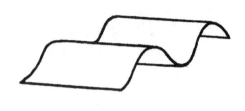

（c）点的渐变排列形成体　　　　　　　　　　（d）面的曲折形成体

图2-1-4　体的特性

二、色彩

　　色彩是不同波长的光刺激人的眼睛而形成的视觉反映。人们通过生理和心理的感知来认识色彩，色彩的感觉有三个实质性特征：

　　1. **色相**　使一个色区别于另一个色的品质，即某种色彩自身的相貌。

　　2. **明度**　区分色彩明亮程度的品质，即明暗程度。

　　3. **纯度**　色彩饱和及强烈程度的品质，即色彩的纯正度。

　　除上述三个特征外，色彩还有以下作用于人心理感觉的属性：

　　温度感——蓝色或倾向蓝色的色彩显得冷，红色或倾向红色的色彩显得暖。

　　分量感——明度高的色彩感觉轻，明度低的色彩感觉重。

　　距离感——鲜明的色彩感觉近，晦暗的色彩感觉远；暖色近，冷色远。

　　软硬感——纯度高的色彩感觉硬，纯度低的色彩感觉软；灰暗的冷色感觉硬，明朗的暖色感觉软。

　　情绪感——红色热烈，黄色温和，蓝色平静，黑色沉闷。

　　并置两种或两种以上的色彩，会构成一定的张力关系。根据张力的强弱，色彩之间有调和与对比两种基本关系。色彩的调和是颜色间张力关系弱或偏弱的体现；色彩的对比则是颜色间张力关系强或偏强的体现。一般而言，将邻近色（色相环上邻近的颜色）或同类色（同一色相在色度或冷暖度上有变化）配置在一起易达到调和；将不同的色彩降低纯度或提高、降低明度也可达到调和；将某一色彩面积扩大至统治地位，其他色彩居于从属、点缀地位，这样也可达到调和。若将对比色（色相环上呈120°角的色彩）、互补色（色相环上呈180°角的色彩）配置在一起则易造成对比，强调色彩的明度、纯度、冷暖差异也可达到对比效果。

　　由于色彩是人对光信号的一种视觉反映，而这种反映每每受到环境因素的影响，以致色彩的特征和属性在人的感觉中并不是绝对的。人们往往根据一定色彩的光色环境，判断它的色相、明度、纯度以及各种感觉属性。因此，色彩比形更具相对性，它必须在一种关系状态中才能获得相对的确立。人们也只有在特定色彩关系或色彩环境中，才能对一种色彩的特征和属性作出相对的判断。相对于形和结构而言，色彩对人的视觉和心理作用更强烈、更快速，也有更多、更细腻的感情成分和主观意味。色彩的选择、配置和关系处理直接影响形的整体格局和形式美感，在形式要素中，色彩占有至关重要的位置。

三、质

所谓"质"，即指材料所具有的自然特质，它包括表面形态——"肌理"和内部组织结构——"质地"。所谓"质感"便是某种特质作用于人的视觉、触觉所产生的特定心理、生理感受，如柔软、坚硬、光洁、粗糙、细腻、尖锐、润滑、滞涩、轻薄、厚重等（图2-1-5）。

图2-1-5　质与形、色往往相互影响（加皱印染的丝绸）

质与形、色往往相互影响。粗糙的质会使形显得虚浮、模糊，使色变得柔和或晦暗；光洁的质则会使形显得实在、明确，使色显得纯正、透明。而粗壮、规矩的形或深沉、浓艳的色会使轻薄的质具有厚重感；飘逸、简略的形或浅亮清淡的色会使厚重的质显得轻薄些。因此，任何实用图案的存在，都必然表现为一种质的形式，而且任何实用图案的设计都必须预先对质的选择加以考虑（图2-1-6）。

四、结构

结构是反映形、色、质在图案中的实际组织状态和相互关系的一种综合形式要素。具体说，结构即指画面的布局、形态的骨架、元素的组

图2-1-6　任何实用图案都需依托一种材质（带花纹的织物）

合。它决定着图案的色彩、形象的组织、穿插及安排。图案的结构是十分自由多样的，它可以打破时间、空间、比例、透视及物象原有结构等关系的束缚，完全按照装饰需要及设计意图来进行各种处理。**一般而言，形象、色彩具有先声夺人的直观性和突显性；而结构则以沉稳含蓄的品质起着支撑、统辖全局的作用。它往往以或疏朗、或繁密、或严谨、或活泼的整体效果，显示自己存在的状态和特征**（图2-1-7、图2-1-8）。

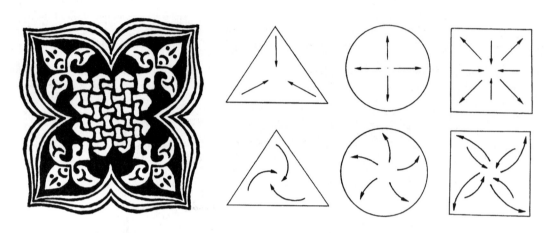

图2-1-7　"结构"即指画面的布局、
　　　　　形态的骨架、元素的组合等

图2-1-8　放射式适合图案常见的骨格结构

第二节　形式美的基本规律

对于所有艺术创作和艺术设计而言，形式美规律的运用和形式美感的表现都必不可少，服饰图案设计也不例外。在谈及形式美规律之前，首先应了解形式及形式美的概念。

一、形式与形式美

从美学的角度讲，所谓"形式"是相对内容而言的，它是传达艺术作品内容的外观形象、组织结构和表现手段。任何一门艺术都离不开自己特有的表现形式，没有形式也就没有艺术。

王朝闻先生在其主编的《美学概论》中曾说："通常我们所说的形式美，是指自然事物的一些属性，如色彩、线条、声音等在一种合规律的联系如整齐一律、均衡对称、多样统一等中所呈现出来的那些可能引起美感的审美特性。"

设计作品亦如此，在设计创作过程中，设计师调动各种形式元素进行有目的的组织，当这些外在形式合乎某种规律，从而引发人们的审美感受时，设计作品便具有了形式美（图2-2-1）。

（b）蜘蛛网上的露珠——秩序

（a）郊外的野花——渐变

（c）三角花——对称

图2-2-1　形式美——自然形象

　　具体到服饰图案的形式美，就是指服饰图案的形、色、质、组织结构等所构成的关系和这种整体形式对审美主体——人所引发出的一种美的感受。

　　在艺术创作与设计中，任何一种形式都包含了内容，包含了作者的情感、理想及创作目的；任何内容都必须通过一定的形式来表现，两者相辅相成。然而，我们又必须看到，艺术作品、艺术设计的外部形式的确存在着相对独立的审美特性，亦即形式美有时是相对独立的。例如，常有这样的情形，当我们被某一艺术作品打动时，我们不一定了解其内容；同样，当我们被一件服装的款式、线条及上面的图案吸引时，却没有理会这服装的功能如何、用途是什么；我们喜欢某一物象，仅仅因为几块色彩或几根线条，这里，形式美起了决定性的、独立的作用（图2-2-2）。

（a）瓦伦蒂诺作品（意大利）　　　　　　　（b）挪威莱达民居（徐雯摄）

图2-2-2　形式美——艺术形象

二、形式美基本规律

变化与统一规律是构成服饰图案形式美的基本规律，是对立统一规律在服饰图案中的具体体现。没有变化的图案是不存在的，图案本身就是人们求美、求变化的产物，图案中各种形式要素结合在一起，就会构成一个丰富多变的整体。但图案的变化并非没有限度，要使变化在一定的形式中体现美感，就必须使其诸因素保持恰当的关系，符合一定的秩序规范。而统一正是规定、制约变化的手段，是对图案整体关系趋向一致的把握，是将变化的因素条理化、谐调化。没有统一，图案会变得零乱、无秩序、无主调。但只追求统一而没有变化，图案又会显得单调、呆板、沉闷。所以，变化与统一是相互矛盾又相互依赖的，只有将两者恰当地结合起来，才能取得完美的、理想的效果。而这种"恰当结合"正是"在统一约束下的变化和在变化基础上的统一"的对立统一关系。

所谓"统一约束下的变化"，即以统一为前提，在统一中找变化。具体到图案上，则表现为大的格局确定后，尽可能在个别局部作些变化处理。在相同的造型、色彩、组织结构、质感等因素中加进不同的成分，如曲中有直、长中见短、虚中带实、疏中间密、静中寓动等（图2-2-3）。

图2-2-3　倾向于统一（《门神》，山东潍坊，杨家埠木版年画）

　　所谓"变化基础上的统一"，即以变化为主体，在变化中求统一。具体到图案上，则表现为多种互不相同或截然相反的因素，通过造型的一致、色彩的呼应或组织结构、表现手段的协调处理而统辖起来，使变化的形象归为有序，使多样的元素趋于一体，达到"异中求同"、"乱中求序"的效果（图2-2-4）。

　　在图案中，统一与变化的关系主要体现在整体与局部、局部与局部的关系上。设计服饰图案时，不但要处理好图案自身的局部与整体的变化统一关系，更要考虑图案与服饰这一大的"局部"与"整体"的关系。在这里，图案是变化的因素，服饰是统一的前提。局部的变化因素永远是与整体的统一因素相互作用、相互比较的。服饰图案若脱离了服饰这一装饰对象，就很难判断

图2-2-4　倾向于变化（《莎乐美》插图，
　　　　　比亚兹莱，1906年，英国）

它的成败。也许一幅原本看来十分单调的图案（如条纹、网格等图案），运用到一件恰当的衣服上，会立即显得富有变化、充满朝气。而一幅色彩绚丽、形象优美的图案若与服饰的总基调相左，则只能是"画蛇添足"，使原有的美失去了意义。所以，艺术设计要始终重视局部与整体的变化统一关系，严格遵循这一形式美基本规律（图2-2-5）。

图2-2-5　图案与装饰对象的关系（木鞋，荷兰）

第三节　形式美法则

图案的形式美法则是将变化统一规律与图案构成原理相结合而总结、归纳出的法则。实践证明，它符合人们的审美习惯，体现了图案的形式特征，是设计师必须深刻理解和把握的。图案形式美法则主要包括：对称与平衡、对比与调和、节奏与韵律、条理与反复、比例与权衡、动感与静感等。

一、对称与平衡

对称与平衡是图案求得均衡稳定的两种构成形式。两者既有共性又有区别。共性是两者都体现了形象重心的稳定作用，都以均衡为基点。区别在于对称更表现出静态，是均衡的绝对形势。而平衡趋向于动态，是对称动向的发展。

（一）对称

对称又叫"均齐"。指图案中装饰元素以同形、同色、同量、同距离的方式依一中线两边或中心点周围均匀配置所构成的形式。对称具有端正、平衡、庄重、安静的特点，它的结构严谨规整，装饰意味浓厚，还能起到聚集焦点、突出中心的作用。

图案的对称构成形式十分丰富，除常见的左右对称、上下对称、斜角对称、多方对称外，还有"反转对称"（如太极图）、平移对称（像足迹那样，依中心线左右斜向对称）

等。另外，还有些对称形式的装饰元素存有细小的差异，一般称之为"相对对称"，而那种装饰元素完全一致的对称形式叫做"绝对对称"（图2-3-1～图2-3-3）。

图2-3-1　相对对称（饰品，古埃及）　　　图2-3-2　绝对对称（裹肚剪花，陕西安塞）　　　图2-3-3　反转对称（鸟的变化图案《贵州苗族蜡染图案》，丹寨）

在服饰图案中，对称法则的体现和运用十分常见，由于人体的对称性决定了许多服装款式的对称，因而装饰图案在服装的布局、纹样的处理上也常随之对称。

（二）平衡

平衡在图案中指装饰元素以异形等量、同形不等量、异形不等量的方式自由配置而取得心理上、视觉上平稳、均衡的一种构成形式。平衡的最大特点在于它既生动活泼、富于运动变化，同时又保持了重心的稳定和形象的平稳均衡（图2-3-4）。

（a）花卉（徐丽云作）　　　　　　　　（b）鹭鸶（纪云飞作）

图2-3-4　平衡

在服饰图案中，平衡就是通过形象的大小多少、色彩的轻重冷暖、结构的疏密张弛、空间的虚实呼应等恰当配置，使服装装饰达到既活泼又稳定的效果。

这里还要说明一点，对称与平衡之所以具有美感，能够成为形式美法则，是因为它符合了人们正常的视觉习惯和心理需求。但有时，不对称乃至不平衡也会引起美感，这是由于这种形式往往能够对人们不平衡的心理产生调节作用。当人们对司空见惯的形式感到疲倦时，一种叛逆的形式出现，会让人感到新奇、刺激，从而调整疲倦的心态，满足求新求异的愿望。当今服饰图案中，不平衡的装饰形式很多，这种视觉上的不平衡给予人们的正是心理平衡的弥补。

二、对比与调和

对比与调和是变化统一规律的又一种表现形式。图案中只要存在两个或两个以上的装饰因素就会产生对比或调和的关系。所以，对比与调和在图案形式美中占有极为重要的位置。

（一）对比

对比是把异形、异色、异质、异量的图案元素并置在一起，形成相互对照，以突出或增强各自特性的形式。

对比是造成变化、调节变化的最好方法，有了对比，图案才能表现其多样性。如果说某幅图案太呆板，缺乏生气，就应考虑在某一方面或几方面加强对比（如色彩对比、块面对比、手法对比等）。对比可强烈，可微弱，可显著，可模糊，可复杂，可简单。但对比的目的都在于求差异、求个性，或强调各部分的区别，以增强图案作品的艺术感染力（图2-3-5）。

在服装上，应用图案就是求得变化，以使服装更具个性特征。这里，图案的对比处理要符合服装的整体风格。过分强烈的对比，会使装饰形象显得生拼硬凑，缺乏统一感，从而减弱甚至破坏服装的整体效果。

（二）调和

调和产生于统一，却有别于"同一"。调和意味着有变化，变化趋向一致的结果就是调和。调和是使相互对立的因素减弱冲突性，增加谐调感，从而构成一个矛盾有序、相辅相成的整体形式。如补色并置，对比十分强烈，若在两者之间加些灰的层次或过渡色彩，就可取得较为调和的效果。又如甲、乙两形完全不同，放在一起比较生硬，可用同一装饰手法进行处理，或掺进第三个装饰因素使之两者共有，也可获得

图2-3-5 对比（招贴设计，
田中一光，日本）

较为调和的效果。

　　调和又有"相似调和"与"相对调和"之分。相似调和是将统一的、相近的因素相结合，是倾向于宁静、柔和的一种构成形式；相对调和是将变化的、相对的因素相结合，是倾向于活跃、醒目又具有秩序和统一关系的构成形式（图2-3-6）。

图2-3-6　调和（织物图案，日本）

　　服饰图案与服装之间也存在着对比与调和的关系，设计师的任务不仅要设计出美好的图案，更重要的是运用对比与调和的法则，通过图案形象使服装更具有个性特点和谐调的整体感。

三、节奏与韵律

（一）节奏

　　"节奏"源于音乐术语，指声音规律性变化而形成的某种秩序。在图案中，节奏是指某一形或色有规律地反复出现，引导人的视线有序运动而产生的动感。有节奏的图案才有生气。图案形象大小的有序变化，布局疏密的规律安排，色彩的渐浓渐淡和明暗间隔，分量上的递增递减或轻重更迭，都是产生节奏感的重要因素（图2-3-7）。

　　同形反复是图案产生节奏的基础，但仅仅强调

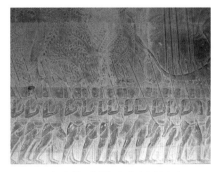

（a）吴哥浮雕壁画（柬埔寨）

（b）二方连续作业（张媛媛作）

图2-3-7　节奏

同形反复会显得单调、刻板。要取得有丰富变化、韵味的节奏，就要在形的大小繁简、色的调和对比、构图的虚实起伏上深入推敲，努力在统一性、规律性中体现出差异和灵活。

（二）韵律

"韵律"源于诗歌术语，指诗歌的声韵和节律。韵律也是有规律的变化，但更强调总体的完整和谐。在图案中，韵律与节奏相近，都是借助形、色、空间的变化来造就一种有规律的、有动感的形式。但韵律更强调某种主调或情趣的体现。例如，同样是花与叶的反复排列，但由于设计意图、处理手段的不同，就会得出不同的结果，或欢快明朗，或舒展悠然；或紧凑旋转表现出一种内在的力度，或节节上升显示出一种昂然生机……所以，有韵律的图案必定包含节奏，但有节奏的图案未必就有韵律。雷圭元先生在其《图案基础》一书中曾以生动的例子阐释了两者之间的区别："……汽笛和汽车的喇叭声可以有节奏，但不像牧童的短笛和行军的号角那样有韵律。"

节奏与韵律是有区别的，但两者可以相互联系成一个有机整体。节奏是韵律的基础，是韵律的组成部分；韵律则是节奏的感情体现，是更高层次的发展。在图案中，有效地把握节奏是体现韵律美的关键（图2-3-8）。

（a）《九果树》（徐雯作品）　　　　　（b）黑绘陶（古希腊）

图2-3-8　韵律

四、条理与反复

条理与反复是图案区别于一般绘画而特有的组织规律，它们构成了图案的节奏与韵律，使图案获得高度程式化的装饰美。

（一）条理

条理是将纷繁多变的自然形态加以概括、归纳、整理，使之规整划一，显出秩序性和规律性。它使无序的自然现象按一定的原则加以艺术的加工提炼，从而创造出有序图案形象。图案中的条理体现为造型手段上的一致、排列结构上的整齐、色彩处理上的和谐（图2-3-9）。

图2-3-9　条理（猫，雅克·涅兹道夫斯基作品，美国）

（二）反复

反复即以相同或相似的形象进行重复排列、续接，求得整体形象的规整统一。反复的最大特点是削弱原来单位纹样的个体特征，显示或强调反复所形成的一种结构关系。如将一个形象作对称式重复，映入人们眼帘的首先是具有强烈形式感的对称形，而不是这个形象本身，因为这个被反复了的形象已经构成了一个新的整体。

反复的形式也是多样的，有绝对反复、相对反复、等级反复等。绝对反复是指单位形象十分规律地重复出现，能给人以稳健、均一之感；相对反复指单位形象在重复的过程中发生了位置、方向甚至大小的变化，给人以自由、活泼之感；等级反复即单位形象按等比或等差的关系进行重复和变化，给人以疏密有致、调和而又微差之感（图2-3-10）。

图2-3-10　旋转反复

五、比例与权衡

我们周围的任何物象都存在比例关系，如长与短、高与低、大与小、整体与局部的比例等。在艺术创作与设计中，对形象比例进行判断，根据一定的原则进行调节就是权衡。

（一）比例

物象的整体与局部、局部与局部之间的尺度或数量关系通常称为"比例"。每个人都有比例的观念。例如，一般人们会认为上身长下身短的体型不好看，因为这种人体比例关系不符合一般人的审美标准。这一方面说明人们对比例都有一个衡量的尺度，另一方面说明不正确的比例关系不能引起美感。所以，形象的美丑与它的比例有着重要的联系，图案设计应十分注意这一点。

而古希腊人总结出的"黄金比"则几乎成了西方造型艺术中美的准则。所谓"黄金比"即指在一个矩形中，长边与短边的比近似1：0.618，列成数学公式为：短边：长边＝长边：长短两边之和。以黄金比为长、短边比例的矩形称为黄金矩形。以黄金比对线段进行分割，叫做黄金分割。在各种比例中，"黄金比"之所以被认为最美，原因在于：

（1）从人的视觉心理平衡的角度讲，它体现了调和中庸的特点。正如陈之佛先生在其《图案构成法》一书中论述的：黄金矩形"长边之长与短边之长之比，既不过于近似，又不悬殊……能避去极端而保持平衡，故全体能发挥美的价值"。

（2）从人体自身的尺度来看，它正好符合标准人体的比例关系，如以人的肚脐为界，上半身长度与下半身长度为黄金比，而上半身若以咽喉为界，下半身以膝盖为界，其上下比例也分别近似于黄金比。

（3）黄金比的数值计算起来虽较为复杂，是无穷尽小数（0.618……），但以几何作图法却极易得到，因而实际应用十分方便（图2-3-11）。

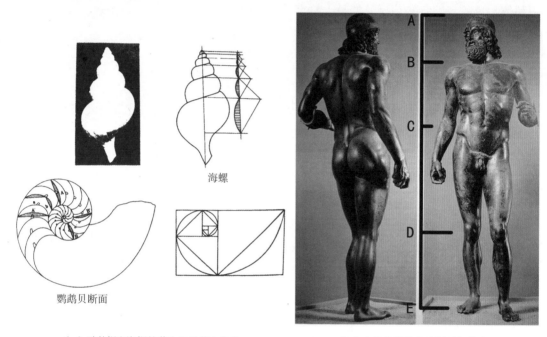

海螺

鹦鹉贝断面

（a）鹦鹉螺和海螺的黄金比及黄金曲线　　　　　　（b）人体各部位的比例近似黄金比

图2-3-11　黄金比

在设计中，除了黄金比外，常被广泛使用并很受欢迎的美的比例关系有$\sqrt{2}$、$\sqrt{3}$等矩形比例、等差数列、等比数列等。这里应强调说明的是，任何美的比例（包括黄金比）都不是绝对的、万能的，在应用过程中要根据设计对象的实用功能和各方面因素灵活掌握，既符合实用要求又符合审美习惯的比例才是最美的。

（二）权衡

图案设计中的"权衡"是根据一般视觉习惯和审美需求对形象的大小、长短、布局、结构、比例等进行全面的比较、判断和调节，恰到好处地体现出设计者的意图，适合使用功能的需要，符合一般人的审美标准。

图案中的比例与权衡常和数理有密切关系。如传统的九宫格、米字格图案，其面积的大小、格子的宽窄变化往往都有一定的规矩。敦煌壁画中层层递进的藻井图案，每一层之间都存在数理关系，正是这种渐进的比例，把穹顶中心衬托得更加突出、完整。古代的工匠、民间的艺师们也以1，3，5，7，9……；2，5，8……等数理比例来权衡构架，经营位置（图2-3-12）。

（a）崇圣寺塔（云南大理）　　　　　　　　　　（b）蓝印花布上的"九宫格"格局

图2-3-12　比例与权衡

　　设计服饰图案就必须与服装、人体打交道，图案与服装、人体的关系及装饰部位的定点，都离不开比例与权衡。人对自身的结构比例十分敏感，肩的宽度、颈的长度、腰的位置等都有一种约定俗成的美的比例准则。服饰图案的形象、色彩、装饰部位对服装乃至着装者的比例效果有着重要影响。如在肩部装饰繁复华丽的图案，会给肩部加宽的感觉；腰部图案位置的提高会给人腿长的感觉；胸部图案色彩鲜亮，会显得胸部隆起而宽阔，等等。因此，服饰图案是调节比例、权衡关系、实现服装总体效果的重要手段。

六、动感与静感

　　动与静是物象存在的两种方式。图案要表现物象，必然要从动、静两方面表现。由于人的视觉心理作用，图案本身的构架及诸因素的组合都会给人以或动或静的感觉。动与静同样具有美感，而且相互有着内在的联系。

（一）动感

　　世上万事万物都在运动，运动是事物存在发展的内在规律，是其的绝对形式。图案要表现事物，就要反映事物的运动。"动"蕴涵着生命的力量，显示着变化的存在。例如，表现波浪，就要描绘其起伏翻转的动势；表现飞鸟，就要抓住其凌空展翅的姿态，等等。即使抽象的点、线、面的组合，也能通过点的跳跃、线的曲直聚散、面的各种自由分割等取得动感。画面没有动感的表现，很难使形象活泼生动，很难表现活力和朝气，所以，动感是形式美的一个重要因素（图2-3-13）。

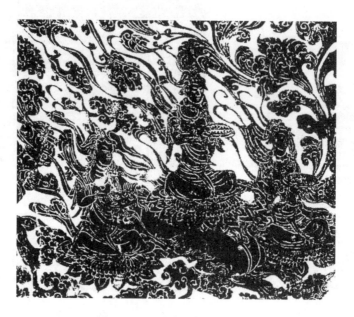

图2-3-13　动感（唐代石刻）

（二）静感

静是相对动而言的，没有静就没有动。静表现为稳定、安宁、停止，如水面的睡莲、伫立的水鸟、低垂的柳枝等。在点、线、面中，点的停顿、横线或竖线的平行处理、块面的对称分割等都具有静感。静感的美表现出一种和谐、统一（图2-3-14）。

图2-3-14　静感（日本剪纸）

　　图案中变化的因素越多，越具有动感；统一的因素越多，越具有静感。但动与静又是矛盾统一、相互依存的。静中应该有动，即使是静态的对象，也应尽量通过线条的张力、色彩的对比、构图的权衡来使形象生动和富有变化。动也离不开静，图案中任何形象都是以静态的方式呈现的。无论现实生活中物象如何运动，在图案中所表现的只是其运动过程中某一瞬间状态的"定格"。所以，图案只有寓动于静，静中有动，才能显现出完整、确定、丰富而有变化的美感。

　　动与静的巧妙结合在我国传统图案中表现得十分出色。仔细研究一下就不难发现，许多传统图案装饰对象的造型、骨架、布局结构都是相当严谨的，讲究对称、方正、格律清晰，显现出总体框架的端庄、平稳、宁静，但在具体图案装饰形象的塑造、局部细节的处理上，却无不具有动感和活力。如传统服装的造型结构十分平整、规矩，装饰图案的布局构架也大多稳定、对称，然而图案的造型、色彩却十分丰富多变，无论是枝花还是飞蝶，是云头还是卷草，都非常生动。其他如建筑、家具、日用器皿也都是如此。所以，中国的图案虽高度程式化，但绝不呆板，具有强烈的感染力和生命力。

　　服饰图案是图案体系中较为特殊的一类，因为装饰的载体是人，人总是在不断运动着，这就决定了服饰图案既有静态展示，更有动态展示。而且，服饰图案本身的动感和静感表现也对展示效果及服装的风格特点起着重要作用。所以，作为服饰图案的设计者，对动与静的形式美规律应该格外深刻地理解，并熟练地把握。

　　以上分别介绍了几条重要的图案形式美法则，它们都是形式美总规律的具体体现，相互间有着紧密的内在联系。我们在进行服饰图案设计时，应该深入领会、融会贯通，灵活运用，切不可孤立地看待它们，更不能当做一成不变的教条。

第三章　服饰图案基础

服饰图案设计是一项复杂的、涉及面甚广的艺术造型活动。对于初学者来说，要一步进入专业设计，同时驾驭图案、材料、服装及着装者等诸方面的复杂关系并处理好各种问题，是相当困难的。所以，学习服饰图案一般应该从图案最基本的造型规律、组织形式、色彩特点和表现技法入手，循序渐进，逐渐从基础转向专业。

第一节　收集素材

学习图案造型，就要学会根据需要收集素材。尽管图案形象千变万化，但归根结底是源于生活、源于自然的。只有深入观察生活，大量收集各类素材，才有可能得到丰富的创作灵感，获取各种造型依据和元素，从而创造出优美生动的图案形象来。收集图案素材当然要开阔视野，掌握丰富的素材之源，同时还要学会运用具体的收集方法，诸如写生、摄影、记录等。

一、素材之源

自然界以它的博大、丰富、玄妙养育着人们，启迪着人们，也为人们的艺术创作提供了无限的灵感和素材。自古以来，无数工匠、设计师、艺术家笔下的杰作均源于自然界中万千物象。所以，要学习艺术、学习装饰图案，就要学会向自然学习，学会从自然界中提取自己所需的东西。

自然界中物象千姿百态，丰富无比，关键是看如何观察、选择，从哪个角度去索取。只需稍微留心一下，便可发现。

过去，人们对自然物象的观察和表现多重在对其外观的完整和特征，重在对其形态、神态、动态的刻画，所以来自自然的形象多为自然形、具象形。

然而，随着时代的变迁，科技的发展，人们对自然的认识和观察方法在不断深入、变化，造型观念和审美标准也在不断改变。现在，人们已不满足于对客观事物外观特征的刻画，而是在进行更深入细致和多角度的观察的基础上，重在对物象内部结构和表面肌理的刻画以及其本质、规律的表现，因此，来自自然的形象除了自然形、具象形外，还有抽象形、"打散重构"等。

所以，**索取、学习的过程也是研究、创造的过程**。自然界中可供我们选取素材的范围极广。我们应该放开视野，多方位、多角度地思考、探索和观察。选取表现素材的角度通常有以下几种。

（一）物象的整体外观特征

素材来源于物象的总体状貌、外在形态，包括其形状、结构、色彩、斑纹等，如果是生命体的话，还应注重其神态、动态的表现（注意，植物也是有神态的）（图3-1-1）。

（a）植物　　　　　　　　　　　　　　　　（b）斑马

图3-1-1　整体外观特征

（二）物象的局部表面特征

素材来源于物象表面的肌理、质感、细部结构等，如木、石的纹理，禽兽的毛、皮，植物的枝干、苞芽，动物的眼、嘴、爪等（图3-1-2）。

（a）梧桐树皮纹理　　　　　　　　　　　　（b）鱼皮的斑纹

图3-1-2　局部表面特征

（三）物象的内部组织结构

素材来源于物象内部的组织结构，如动物的骨骼、肌肉走向，果实的芯、核，植物的茎、干、果的纵剖面、横截面等（图3-1-3）。

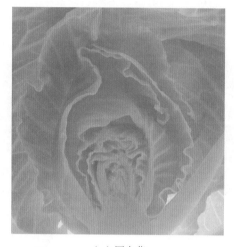

（a）圆白菜

（b）螺壳

图3-1-3　内部组织结构

（四）物象的聚、分

物象的组群、集合体、场景以及分解、局部、换位所呈现的各种状态和相互关系也向我们提供着无尽的灵感来源（图3-1-4）。

（a）野菊花

（b）蒲公英

图3-1-4　物象的聚、分

（五）宏观世界

除了周边事物外，我们还可把视野放得更大更远，从浩瀚的宏观世界中寻找素材和灵感，如云天、海洋、飞机鸟瞰图、大地艺术、宇宙星云等（图3-1-5）。

（a）星云　　　　　　　　　　　　（b）俯瞰的城市与原野（张向宇摄）

图3-1-5　宏观世界

（六）微观世界

随着科技的发展，人们借助仪器看到了无数肉眼看不到的奇观，千姿百态的微观世界也是我们取之不尽的灵感和素材来源，如细胞图形、分子结构等（图3-1-6）。

（a）果酸结晶　　　　　　　　　　　　（b）雪花冰晶结构

图3-1-6　微观世界

素材是图案造型的基础，越丰富、详细、生动越好。

二、写生

（一）图案写生的目的

写生即面对客观事物进行如实的描绘。**图案写生的目的在于收集造型素材、积累艺术形象，为图案的创作设计做准备。**图案写生有别于绘画写生。绘画写生侧重于忠实地反映客观对象，追求艺术的完整，其本身常常就是一幅完整的艺术作品。而图案写生则更侧重于捕捉客观对象的特征、结构、规律，讲究挑选、归纳，有时它只画物象的一个部分或几个部分。**图案写生的成功与否关键看它是否抓住了对象最生动、最优美、最典型的特征，是否能够最终为图案设计所用。图案写生是手段不是目的，它是图案设计的初始环节。**

此外，作为基础的图案写生，还有一个训练基本功、提高审美眼光的作用，它是培养学生敏锐观察、迅速描绘、准确表现能力的重要途径。所以，写生是图案设计过程中的一个重要环节，也是学习过程中不可缺少的一个重要阶段。

（二）图案写生要点

1. **仔细观察**　图案写生的观察应该是相当仔细的，要看清物象的外部轮廓、形象特征、前后层次关系，还要了解物象的局部细节、内部结构，更要通过观察掌握对象的特性和规律。俗话说，只有"看"得到，才能画得出。只有仔细地观察，对物象有了深刻的理解，有所感、有所悟，才能生动、完美地表现对象。

以花卉写生为例。观察花卉的形状（盘状、碗状、喇叭状）、生态（单瓣、复瓣、花序以及叶、梗、枝的关系）固然十分重要，但一定不能忽视花卉在某一时刻的状态（初开、盛开还是开过了），花瓣的柔润、花蕊的挺拔、花梗的弹性、叶片的伸展、花姿的趋向等，这些都是最能显露生命力、最能"传神"的。

动物写生亦然。观察动物的体征、动态，了解动物的骨骼结构固然非常关键，但千万不能忘记观察其某一动态所传递的"神态"。例如画牛，牛的体征方正、骨骼粗大且见棱角，给人以沉稳、力度之感。而牛的不同动态则会表现出迥然相异的神情——或温顺，或倔强，或静穆如石，或狂放不羁。

这里所说的"仔细观察"，不仅要认真观察对象的每一个细部，而且还要观察形所蕴涵的"神"。所以，观察不仅要用眼，更要用脑、用心。

2. **慎选角度**　图案写生是十分重视角度的。塑造图案形象的成功与否，在很大程度上取决于角度的选择。初学者常会有这样的经历，外出写生画了一大堆素材，其中不乏生动、漂亮之作，但真正能成为图案形象的却没有几个。许多素材虽然画得好看，却很难将其图案化，或图案化后就不知是何物了。这里关键的问题是在角度选择上出了差错。

只要稍微留心一下就会发现，图案形象虽然千变万化，但其表现的角度却是有规律的。一般来说，侧视、正视、俯视的角度居多，**这是因为这些角度易于平面表现而且能够**

最大限度地体现对象的特征。图案形象的一个突出特点在于其单纯性、平面性，这就决定了其角度的局限性。只有特征鲜明且形象优美、清晰的角度，才是最佳的角度，这是我们写生时要必须注意的。

3. **悉心取舍** 自然形象丰富生动，但也粗糙杂乱。这就需要我们对物象进行颇具匠心的取舍，取其最典型、生动、完美、表现力最强的部分，舍其杂乱、残缺、次要、病态的部分。同时还要注意整体与局部关系的把握，当侧重于整体表现时不要遗漏关键性的细节，否则形象就会空洞无物、单调乏味；当倾心于细部描写时（自然形象的许多局部细节是极具装饰感的）不要忘记总体形象的构架特征，否则形象就会支离破碎、繁杂无序。

"取"与"舍"是很见艺术功底的，"取"要取得巧妙、精确，有时为了详尽地记录对象，不妨在旁边作些局部特写，把我们所要"取"的东西表现得淋漓尽致。例如，画花时，要将花蕊、花瓣的凹褶、叶脉、茎枝的嫩芽等都仔细地画下来。舍要舍得大胆、舍得痛快，凡是不甚理想的、与图案无关的东西一概舍弃。

4. **打破常规** 我们要创造新颖别致的图案形象，要获得不同一般的创作灵感，就应学会"打破常规"，尝试"反过来"、"倒过来"、"拆开来"、"拼起来"地观察对象，要善于在最普通的物象中发现异乎寻常的因素。例如画蘑菇，一般来说侧视的角度最能表现其特征，但若从顶部看或从底部看，虽很难看出"蘑菇"的形象，但其顶部斑纹的散射状，底部的柄、边和疏密有致的菌褶片排列却是很好的离心、向心构成，颇具图案的韵味。打破常规地观察，我们就会发现许多意想不到的奇特"花纹"，虽然它们可能不再具有原物象的特征，但却是很好的素材，是很有趣的"抽象图案"，这些绝非凭空想象能编造出来的。所以，图案写生不仅要细心观察，还要大胆发现。客观世界为我们提供的素材无穷无尽（图3-1-7）。

图3-1-7 打破常规（莲蓬反面）

（三）图案写生方法

图案写生的方法很多，一般最常用的有以下几种：

1. **线描法** 近似于国画中的"白描"，即以线条的轻重、粗细、刚柔、虚实去刻画对象。它既可以简洁概括地表现物象的神态、气势，又可以细致深入地描写物象的细节、结构，表现力很强。线描写生要求造型严谨，线条清楚明了、准确肯定，还应注重疏密安排、主次对比及线形本身的抑扬顿挫（图3-1-8）。

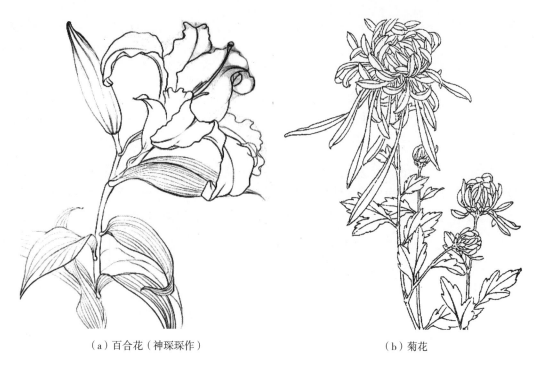

（a）百合花（神琛琛作）　　　　　　　　　　（b）菊花

图3-1-8　线描法

2. **影绘法**　以剪影方式描绘对象。它概括力强，重点刻画物象的外轮廓特征和形态姿势，具有强烈的整体感和平面感。影绘写生应特别注重选择表现物象特征的最佳角度，轮廓边缘应变化丰富而清晰，形象面积不宜过大过整（图3-1-9）。

（a）铁树　　　　　　　　　　（b）羚羊　　　　　　　　　　（c）植物（林乐城作）

图3-1-9　影绘法

3. **影调素描法**　即以影调素描的方式记录形象。其特点是深入、细致、真实、层次分明、空间感强，适用于倾向写实的图案素材收集。影调素描法应注意避免过于复杂的光影变化，尽量突出对象的结构关系（图3-1-10）。

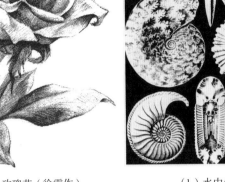

（a）玫瑰花（徐雯作）　　　　　　（b）水中生物　　　　　　　（c）狼及细部

图3-1-10　影调素描法

4. **淡彩法**　以十分简单的水彩、水粉、彩铅等色彩表现方式记录对象。这是一种灵活、简便而又极富表现力的方法，可以快速将物象的整体面貌及色彩关系记录下来。有时还可结合线描，使画面简洁、明朗而又不失细节（图3-1-11）。

（a）黄硕作　　　　　　　　（b）张顿作　　　　　（c）拉尔斯·约翰逊作品（瑞士）

图3-1-11　淡彩法

5. **归纳色**　这种表现方法往往只用几种色彩，所以也称"限色法"。它强调将客观物象丰富多变的色彩进行归纳、概括，使其单纯并富有装饰性。此法一方面培养了画者高度提炼、简化的能力，一方面为图案的设色提供了更为直接、便利的参照，在写生的过程中已经将画面图案化了（图3-1-12）。

（a）李华作

（b）江洋作

图3-1-12　归纳色

三、摄影

　　随着照相机特别是数码相机的普及，摄影已成为收集素材常用的手段。摄影的最大优点是方便、快捷、准确、全面，还可捕捉绘画难以表现的物象。而且由于数字技术在艺术设计领域中的广泛运用，数码相机所收集的素材在"后处理"上显示出极大的便利和优越性，诸如形象的放大、缩小、变形、变调、变色、裁切、组合、拼接、复制或显示与装饰对象结合的效果等（图3-1-13）。

（a）果实（张向宇摄）

（b）窗冰花（徐雯摄）

图3-1-13　摄影

但摄影也有许多局限，相比手的灵活及创造性发挥而言，摄影则显得机械、呆板、不够随意，它不能有目的地概括提炼自然物象，也不能根据需要自主组织形象，对学生来说，还缺少了动手训练的机会。所以，在学习阶段，还是要提倡练就过硬的动手写生本领，而将摄影仅作为收集资料的一种辅助手段。

摄影表现也可以是多种形式的，可利用光线、影调、远近、角度、色温、光圈等因素的变化得出各种效果，还可利用"暗房技术"创造新的形象。为图案设计提供更丰富、更具创造意味的素材。

四、记录

素材的采集有些直接源自自然界和现实生活，但并非所有的物象都能在我们周边现实存在，而且即使存在也未必都能靠写生或摄影来捕捉，所以许多素材常常来自间接资料，或靠其他手段来收集，比如临摹、翻拍、拷贝、记忆速写（或称默写）甚至文字记录等。我们暂且把这些搜集资料的手段称为"记录"，以有别于"写生"、"摄影"。"记录"应注意以下三点。

（一）敏感

艺术家的特别之处在于能够在别人司空见惯的事物中发现美、创造美，在于具备常人所没有的敏锐感觉和丰富联想。图案设计师当然也不例外，一定要养成随时观察、搜集素材的习惯。寻常生活中有些偶遇的形象或某一出乎预料的事物呈现都很可能成为图案创作的极好依据，我们应该随时捕捉、及时记录。敏感者总能在生活中发现新颖独特的素材，而漠然者即使遇到好素材也会视而不见。

（二）准确

图案素材的原始记录，应力求准确。这里的准确不仅指形的准确，还包括意的准确，感觉、神韵的准确。尽管对象有时极为复杂，有时瞬息即逝，但我们都应尽可能地把最生动、最有魅力的东西准确记录下来。因为只有准确，才能更充分、更"传神"地表现对象，从而更好地为图案设计提供灵感和依据。

如2008年北京奥运会一套颁奖礼服的设计，设计者尤珈老师以中国青花瓷图案为灵感来源，准确地把握了青花瓷所独有的清丽、晶莹、秀美、细腻的特点，并十分贴切地将这种感觉融入这套礼服图案的色彩、纹饰和组织结构中，使得整套礼服体现出高洁、典雅、端庄的中国风格。

（三）具体、详尽

设计常会出现这种情况，图案形象的造型依据并非来自于写生或生活体验，而是直接来自于现成的资料，来自于传统的、民间的、异国的或他人设计的图案形象。对于这些资料的收集、整理或者说"记录"应尽可能做到具体、详尽,除了资料本身形象的具体、详尽,还要注意资料背景的具体、详尽(如时代、地域、民族、风格特点、内在寓意、质地材料、制作工艺等)。只有这样,才能深入地、实质性地理解和把握对象,才能避免流于平庸的原搬照抄,才能不失掉对象原有的精髓和点睛之处,从而为下一步的图案设计提供丰富、完备的参考。

第二节　造型

一、造型手法

所谓"造型",是指图案形象的塑造。设计师欲将现实生活中的客观形象、头脑中的虚幻形象塑造成优美动人又极具装饰意味的图案形象,就要运用各种造型手法,最常见的有写实、变化、抽象等。

(一)写实造型

"写实"顾名思义是指图案形象接近客观原形,比较真实。写实形象在图案中常能见到。由于人们对"真实感"的追求和对"回归自然"的渴望,更由于工艺制作手段的不断进步和完善,写实图案的应用在日益增多。特别是一些纺织品面料、服装、广告、包装等上面的图案,被刻画得十分细腻仿真,使人感觉真实、亲切,贴近自然。写实造型有绝对写实和相对写实两种。

1. *绝对写实*　即图案形象与客观原形完全一样或十分接近。通常这种造型手段是借助摄影,也有采用"仿真绘画"的形式。它塑造出的形象最能给人以真实感,如T恤上的明星照、长裙上极为细腻逼真的花卉等。

2. *相对写实*　指将客观形象进行适当的艺术加工,在一定程度上改变物象原有的形态、色彩或结构,使之规整化、条理化,但在总体上仍保持物象原有的面貌特征。通常所见的写实风格图案大多属于此类(图3-2-1)。

(二)变化造型

"变化"一词在图案领域应用颇多,又称为"变形"、"变象"或"便化"。其意大抵都是依据设计需求指将物象进行种种改变。

变化是图案造型的一个重要手段。因为图案涉及使用功能、工艺制作、材料特性、使用对象等诸多因素,所以,要适应这些因素的制约,就要对客观物象原有的色彩、形象、结构等进行变化改造。在装饰造型过程中掌握一定的规律,熟悉一些常用的变化手法,有助于图案造型思路的展开和造型形式的丰富。

1. *简化与繁化*

（a）装饰梦露像的T恤（CIPO&BAXX）　　　　（b）兰花饰物（乔治斯·富凯设计，1900年，法国）

图3-2-1　写实造型

（1）简化。指一种艺术的省略，是对物象原型的高度概括，它抛弃了物象的次要部分，提炼出十分简洁的形象，从而把对象刻画得更典型、更集中、更精美。简化的艺术特点在于结构简明、形象单纯，具有朴实精练之美。

简化可从几方面入手：一是外轮廓上删繁就简，强调物象最主要的特征；二是尽量压缩光影层次，使物象平面化；三是笔不到意到，以无代有，以少胜多（图3-2-2）。

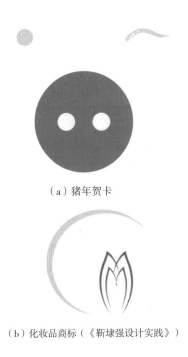 

（a）猪年贺卡

（b）化妆品商标（《靳埭强设计实践》）

（c）平面设计（大野好之作品，日本，*Designer's Design*）

图3-2-2　简化

（2）繁化。指使形象变得华丽、丰富的一种方法，在造型的过程中常用添加、综合、重复的手段。繁化多为加强细节、添加纹饰、渲染背景环境、运用多种装饰元素和手法等。繁化的形象富丽堂皇，更有装饰感（图3-2-3）。

（a）剪纸——狐狸 　　　　　　　　（b）剪纸（库淑兰作品，陕西）

图3-2-3　繁化

2. 夸张与异化

（1）夸张。指用强调的手法突出对象的特点，对原形做较大幅度的改变，使之更具有艺术感染力。夸张的形式很多：有局部的夸张、整体的夸张、形态的夸张、神态的夸张、客观动势的夸张、主观联想的夸张等。但无论哪种夸张，都要把握度，不能偏离对象的基本特征，要注意"万变不离其宗"。造型既在意料之外，又在情理之中（图3-2-4）。

（a）印刷图案（瑞典） 　　　　　　　（b）陶杯图案（古西亚巴比伦王朝）

图3-2-4　夸张

（2）异化。指更侧重主观创造的造型手法，可以不受限制地打破物象的客观性，大幅度改变物象的基本特点，尽情发挥作者的兴趣所在。异化的造型离客观现实更远，离主观意象更近，往往具有神秘、新奇、荒诞的特点（图3-2-5）。

（a）民间剪纸　　　　　　　　　　　　　　（b）青铜神兽（春秋晚期，河南）

图3-2-5　异化

3. 分解与组合

（1）分解。指将物象进行艺术性的拆散、抽取。其目的有二，一是塑造新的形象，二是为重新构建新的形象准备元素。分解有规则分解和自由分解。规则分解是将物象进行规律性的切割（如纵向、横向、斜向分切、等分切、按结构分切等）；自由分解是将物象随意拆解。

（2）组合。指将两个或两个以上的形象组合在一起，使图案变得更加丰富，更有情趣或寓意内涵。组合有巧合、求全、自由组合和分解组合。

①巧合。以两个或两个以上的形象共用一条线或共用一个形的结合方式创造图案形象。它利用形象之间某一部分的巧妙契合，塑造出既自然又别致、相互依存、完整不可分的形象（图3-2-6）。

②求全。尽可能齐全地把与主题相关的所有形象都表现出来。有时为了求得形式上或意义上的完整，不惜打破时间和空间限制，把多个不同的形象组合在一起。如表现莲花，就把苞、叶、杆、莲蓬、水下的莲藕等同莲花一起画出来。中国人崇尚圆满完美，所以在传统图案中求全的形式颇多，它也许不合逻辑，甚或有几分牵强，但只要形象和谐、意义完满即可（图3-2-7）。

③自由组合。如果说上述两种组合方式都是以形或意的联系为造型根据和契机的话，那么自由组合更随意，即把一些没有直接联系、甚至风马牛不相及的形象组合在

（a）制鞋箱包企业标志　　　　　　　　　（b）三兔莲花纹（敦煌藻井图案，隋代）

图3-2-6　巧合——共用线、共用形

（a）民间剪纸　　　　　　　　　　　（b）《特洛伊》插图

图3-2-7　求全

一起。这种组合往往打破人们的思维习惯和视觉习惯，创造出的形象十分新颖独特（图3-2-8）。

④分解组合。也称打散构成，是将某一素材形象进行分解后重新构成一个新的形象或结构形态。这里分解是手段，组合是目的。组合是把分解出来的元素以各种方式重新组合成新的形象。它也许还有原形的特征，也许是一个全新的形象，也许成为全抽象的形态（图3-2-9）。

图3-2-8　自由组合

（a）

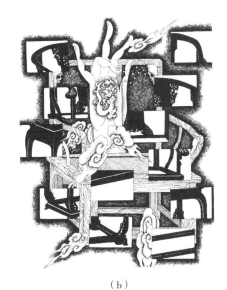

（b）

图3-2-9　分解组合

4. 写意与偶发

（1）写意。指一种介于具象与抽象之间的造型，重在表达作者主观的意念和感受。为了传达某种感觉、渲染某种气氛，作者可以完全打破物象的客观真实，对原形采取不合常理的添加、删减或不合逻辑的透视、变形等处理，塑造出个性鲜明又极富装饰意味的图案形象（图3-2-10）。

图3-2-10　写意（双身龙，苗族绣片）

（2）偶发。指借助偶然发生的形（如水印、色迹、油渍等）进行适当的艺术处理，创造出带有设计目的和装饰感的形象。这种造型赋予偶然形以意义和生机，赋予其让人可以看懂接受的具体形象，使之具有一种生动、有趣、巧妙的美感。如果说前面所说的那些造型手法都是基于某种意图而一步步创作形象的话，那么唯有"偶发"的造型正相反，是先有形，然后使之"有意义"。当然，"偶发"未必都要塑造具象形，在许多情况下利用偶然形创作抽象图案可能会更便利、更自然（图3-2-11）。

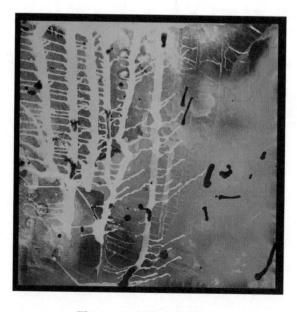

图3-2-11　偶发（秦岳作）

（三）抽象造型

一般而言，可以说图案形象几乎都有抽象因素。前面谈到的各种"变化造型"实际上都在不同程度地运用着抽象。但这里所说的"抽象造型"是指创造纯粹抽象形象的造型手段，即通过几何形及点、线、面的各种组合，创造出不关联任何具体物象的图案形象。抽象造型大略有以下三种形式。

1. **一般几何构成**　以正方、正圆、正三角形为基本形作各种变化，创造出丰富的几何形象。如从形的外部特征作同形变化，三角形可变化成各种三角形和多边形，正方形可变化成各种四边形和多边形，圆形可变化成种种椭圆形、卵形及曲线形。若从形的外部特征或内部结构作异形变化，那么圆形、方形与三角形的综合即可产生更加多样、复杂的形（图3-2-12）。

图3-2-12　一般几何形（李文静作）

另外，以正方、正圆、正三角形及通过上述手法变化的各类形象作各种组合，如切割、连接、重叠、透叠、分离、错位、减缺、渐变等，再结合大小的变化、点线的穿插以及严密的组织排列就会形成各种形式的几何图案。"一般构成"的几何形图案，简洁、明朗、严谨、规律，具有浓厚的几何意味和平面感。

应该注意的是，几何形图案的形象塑造绝不是单调、呆板、机械的罗列，而应有一种情趣和韵味，充满着丰富的想象和美的创造（图3-2-13）。

2. **特殊几何构成**　以各种直线或曲线作重复、渐变或突变排列构成骨架，再以各种几何形组织于骨架上，构成具有发射、聚拢、流动、旋转、闪烁、凹凸或动荡感的抽象图案。特殊几何构成塑造的形象往往让人产生视觉，形成一种运动起伏、进入三维空间的感觉，它突破了一般图案重在以形象自身变化造型的手法，营造出一种新的视觉形态，将静态的二维形象幻化为"动态"的"三维形象"（图3-2-14）。

图3-2-13　一般几何构成（杯纹
　　　　　锦图案，汉代）

图3-2-14　特殊几何构成（郝树樟作）

3. **随意构成**　将点、线、面及各种抽象形自由随意地组织在一起，形成有韵味的抽象图案。它可分成"几何形随意构成"和"自由形随意构成"两类。随意构成的特点是自然洒脱，无规律、无约束，通过点、线、面的疏密、大小、曲直、碎整、缓急、动静的对比，达到一种有机的统一、整体的谐调，从而取得动中有序、繁而不乱的效果（图3-2-15）。

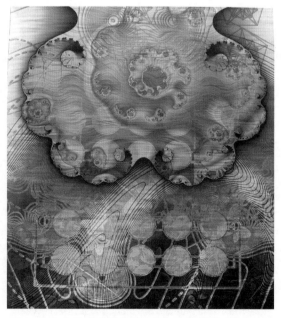

（a）几何形随意构成——包装设计

（b）自由形随意构成——织物图案

图3-2-15　随意构成

二、装饰处理

在图案设计中，造型、结构是关键，但装饰处理也不可或缺，它是装饰图案的一种特殊语言，最能表现装饰的美感。

（一）强化秩序

大自然各种生物的生长变化和存在方式都是有一定规律的，常呈现为渐变、重复、近似等有序的形式（如动物的皮毛、斑纹，植物的叶子、花朵等），这些形式有一种秩序的美感，在装饰图案中不仅要表现它，有时还应刻意强调它，因为图案形式感的一个重要特征就在于其条理性、秩序性（图3-2-16）。

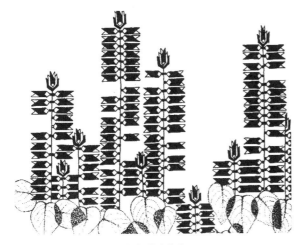

（a）学生作业　　　　　　　　　（b）鸟的变化图案（贵州丹寨《贵州苗族蜡染图案》）

图3-2-16　强化秩序

（二）调整比例

任何物象都有一定的比例，它构成了物象的特征。装饰图案的表现，常常要在这些特征基础上适当地进行调整或改变其比例，以求取得强调、夸张的效果，使形象更加生动传神、更具有艺术魅力。例如，鹭鸶的修长、企鹅的矮胖、鹿角的硕大，都是可以在比例上大做文章的（图3-2-17）。

（三）平面处理

图案的形象常常不追求体积、空间感，而是以能够完美地表现对象的典型特征为宗旨，因此在造型中常采用散点透视的办法来观察并用平面化处理来表现，尽量选取物象平面展开而又体现典型姿态的那一面，凸显平面的装饰效果。另外，平面处理除了恰当选取

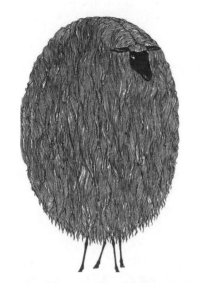

（a）羊（雅克·涅兹道夫斯基作品，美国）　　　　（b）银雄鹿（战国时期，中国）

图3-2-17　调整比例

角度，透叠也是一种常用的手段。透叠可使相互叠加的形象各自轮廓完整，并且模糊它们之间的前后关系，达到高度的平面化（图3-2-18）。

（a）张毓雯作　　　　　　　　　　（b）向娜作

图3-2-18　平面处理

（四）巧用纹饰

　　纹饰是装饰造型的重要手段，巧妙地运用纹饰，不但可以使画面更加华丽丰富，而且可以使物象更加生动、富有情趣。纹饰有两类，一是紧密契合对象的自然形态，比如物象的结构、肌理、斑纹、羽毛、鳞片等，通过归纳、修饰而形成纹饰；一是另类图案的添加，这种添加要针对对象的特征，要合乎形式逻辑，能够自然恰当地提升对象的特征美感，而不是牵强地粘贴（图3-2-19）。

（a）公鸡（民间剪纸，中国）　　　　　（b）鸽子（民间图案，波兰）

图3-2-19　巧用纹饰

（五）同构联想

在造型时，将某一物象与另一物象的相似之处通过某种手法结合在一起，创造出亦此亦彼的形象。这种联想完全是类似形的共组，不追求意义上的联系。例如，鸵鸟毛茸圆浑的体态与毛茸茸的线团就有一种同构，变色龙的嘴巴与拉锁的结构有些相似，将这里的"同构"、"相似"结合在一起会使形象别有趣味，同时也显示出一种联想的巧妙和创造性（图3-2-20）。

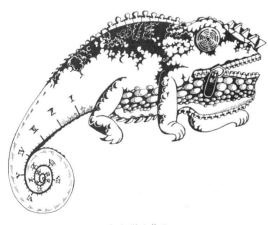

（a）学生作业　　　　　（b）鸡（藤本孝明作品，日本，*Designer's Design*）

图3-2-20　同构联想

第三节　构图与组织形式

图案的构图、组织大体上可分为两类，一类近似独幅绘画，较为自由；一类具有明显的格律意味，遵循着严格的骨格构架。前者多依据"装饰构图"之需要，有焦点式、散点式、多向式等形式表现，而后者则多依据一定的"构架形式"，以单独式、连续式、群合式等形式表现。

一、装饰构图

构图的目的在于合理地组织安排形象以完整地表达作品的内容，取得完美的形式效果。由于视角不同、装饰目的和需求的不同，装饰构图也是多样的。

（一）焦点式构图

所谓焦点式构图，即在图案的组织、造型过程中遵循一般的透视原理，使形象的结构、位置基本保持原始自然状态的一种构图方法。焦点式构图多用于一些较为写实的图案，具有一定的立体空间感和层次感。但应注意的是，图案中的"焦点式"往往不那么严格，有时会在某些局部打破透视规律，从而取得更有趣味的装饰效果（图3-3-1）。

图3-3-1　焦点式构图（王萧音作）

（二）散点式构图

散点式构图，即在图案形象的组织、造型过程中不受焦点中心的制约，无所谓前后、远近关系，将所有形象都平铺排列，任何一个点、任何一组形象，均用同样的视角去表现。散点式构图是装饰图案中最常见的一种构图形式，它随意而灵活，可以根据需要自由地延伸、扩展（图3-3-2）。

图3-3-2　散点式构图（冷冰川作品）

（三）多向式构图

多向式构图，即在图案形象的组织、造型过程中采用多个视角，将不同方向的物象以不同的角度表现在画面上，因而可以从多个角度欣赏。这种构图打破了通常单一视角的视觉感受，使画面别有情趣（图3-3-3）。

二、组织形式

图案的构成除一部分近似独幅绘画的外，更大一部分是适应装饰对象以特定的组织形式呈现的，它们包括单独式、连续式和群合式，而这些形式又都有着各自的结构和组织规律。为直观明了，先将三种形式列表展示（图3-3-4），再详述。

图3-3-3 多向式构图（农民画《春集》，丰爱东作品，天津北郊）

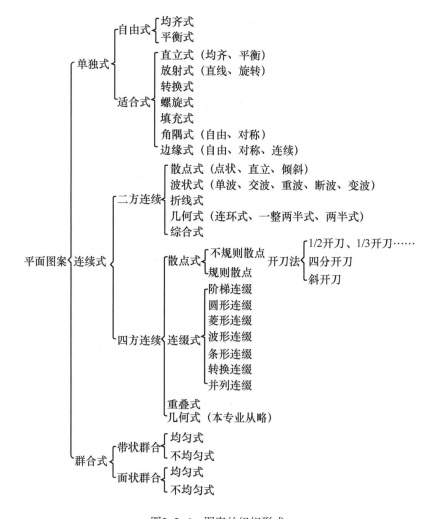

图3-3-4 图案的组织形式

（一）单独式图案

单独式图案，指具有相对独立性、完整性并能单独用于装饰的图案。它是一种与周围没有连续的装饰主体。单独式图案可分为自由式和适合式两种形式。

1. **自由式图案**　指一种不受外轮廓限制、自由处理外形、单独构成、单独应用的图案。它的结构有两种，即均齐式和平衡式。

（1）均齐式。即形象依中轴两边对称或依中心多向对称的图案。其特点是平稳、端庄，有安定感（图3-3-5）。

（2）平衡式。即形象重心稳定、结构自由的图案。其特点是生动活泼，富有变化（图3-3-6）。

图3-3-5　自由式图案——均　　　　　　图3-3-6　自由式图案——平衡式（《未开
　　　　　齐式（吉莉作）　　　　　　　　　　　　　的花朵》，弗朗斯作品，塞舌尔）

自由式图案的用途很广，它醒目、集中而且灵活，类型也很多。

2. **适合式图案**　指组织在某一特定的外形内并与之相适应的图案。也可以说是以某种构成方式使形象适合于某一形状的图案。适合式图案的特点是**图案形象必须饱满、自然、完整地与一定的外形相吻合，当外形的轮廓线去掉后，仍然具有该形特征**。适合式图案的外形轮廓可以是几何形，也可以是有机形或简单的自然形（图3-3-7）。

像自由式图案一样，适合式图案的组织结构也有均齐式和平衡式。其构成形式相当丰富，这里介绍常见的几种。

图3-3-7 适合式图案（车新梅作）

（1）直立式。即纹样方向明确，或直立向上，或悬垂向下的适合图案。它以竖轴为中心，呈均齐状或平衡状（图3-3-8）。

图3-3-8 直立式适合（秦岳作）

（2）放射式。这是一种多向对称的形式。由三个或三个以上相同或大体相同的单位形象组成，它们可以作向心排列，也可以作离心排列或向、离心双向排列。由于放射式图案由若干个单位组成，故较富于变化，但应注意单位形象间的相互联系和相互作用。

单位形象衔接点的处理十分关键。处理得好，可使整个图案严谨完整，甚至在衔接处形成新的形象；处理得不好，则会使形象相互分离或冲突，使整个图案结构松散或不和谐。放射式除直线骨架外，还有弧线的旋转放射式骨架（也称"涡旋式"），更具动感（图3-3-9）。

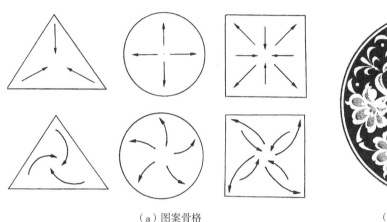

（a）图案骨格 　　　　　　　　　　　　　　（b）图案（冯蓉作）

图3-3-9　放射式适合

（3）转换式。民间也称"喜相逢"或"太极图"格式，即由两个相同的纹样作相互反向的排列。转换式图案给人以活泼、互动的感觉，但特别要注意两纹样之间的契合、呼应，切不可将两者生硬拼凑，形成割裂（图3-3-10）。

（4）填充式。这是一种很自由的适合形式，可以将形象按设计者的意愿在特定外形内随意排布，填满即可。它没有固定的骨格和章法，但应注意形象的主次、疏密关系，形象要完整，适形要自然（图3-3-11）。

还有一种"螺旋式"的适合形式（也称"回

图3-3-10　转换式适合（漆器图案，战国）

环式"），即将一带状形象作螺旋形盘绕，最终适合一定的外形。

（5）边缘式。即带状纹样沿特定的外形进行边缘适合。边缘式纹样有自由式、对称式和连续式。边缘纹样多用于衬托中心纹样，也可以单独使用（图3-3-12）。

（6）角隅式。即适合边角的纹样。它要求两边及夹角要严密适合，另一边则可自由放松。角隅纹样可依中轴作对称式，也可作不对称的自由式（图3-3-13）。

（a）巴洛克风格图案　　　　　　　　　　　　（b）引自 *The Keith Haring Show*

图3-3-11　填充式适合

（b）餐巾边角装饰

（a）郑子英作

图3-3-12　边缘式适合（木雕
　　　　　图案，俄罗斯）

图3-3-13　角隅式适合

（二）连续式图案

　　连续式图案是运用一个或几个装饰元素组成单位纹样，再将此单位纹样按照一定的格式作有规律的反复排列所构成的图案。它的最大特点在于条理性、重复性和连续性，具有强烈的节奏感和韵律感。连续式图案按其构成形式可分为二方连续和四方连续。

　　1. **二方连续图案**　以一个单位纹样向左右或上下两个方向进行有规则地反复排列，并能无限延长的图案叫二方连续图案。它有横式、纵式和斜式三种类型。二方连续又叫带状纹样或花边，但应该注意的是带状纹样或花边不一定都是二方连续。二方连续的构成形式很多，常见的有以下几种：

　　（1）散点式。即将单位纹样按照一定的空间、距离、方向进行分散式反复排列。纹样之间不相连接，但相互呼应，具有明显的个体重复的特点（图3-3-14）。散点式二方连续包括点状式（纹样无方向性）、直立式（纹样上下垂直）、倾斜式（纹样呈一定角度的倾斜）。

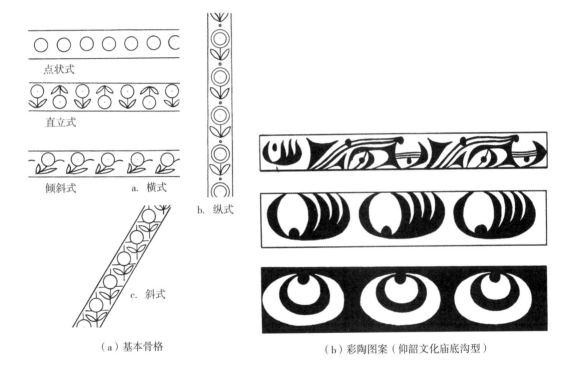

（a）基本骨格　　　　　　　　　　（b）彩陶图案（仰韶文化庙底沟型）

图3-3-14　散点式二方连续图案

　　（2）波状式。即将一个有起伏特点的单位纹样按波状骨格进行连续衔接和排列。其特点有如水波、麦浪，逐步推进，延绵起伏（图3-3-15）。波状式二方连续有单波式、交波式（两条波状线相交缠绕）、重波式（两条波状线并行）、断波式（一段段纹样构成波状起伏）和变波式（波状线的起伏有一定形的变化）。

　　（3）几何式。即以几何形为基本骨架和主要形象特征的二方连续叫几何式二方连续（图3-3-16），有折线式、连环式（圆形连环、方形连环、菱形连环等）、一整两半式、两半式等。

　　（4）综合式。将上述两种或两种以上的骨格组合在一起所形成的纹样叫综合式二方连续。这种形式应以一种骨格为主，其余起陪衬烘托作用，从而达到主次分明、丰厚富丽

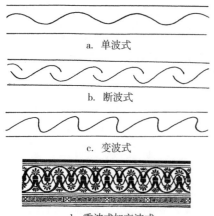

（a）基本骨格　　　　　　　　　　　　（b）图案设计（苑国祥作）

图3-3-15　波状式二方连续图案

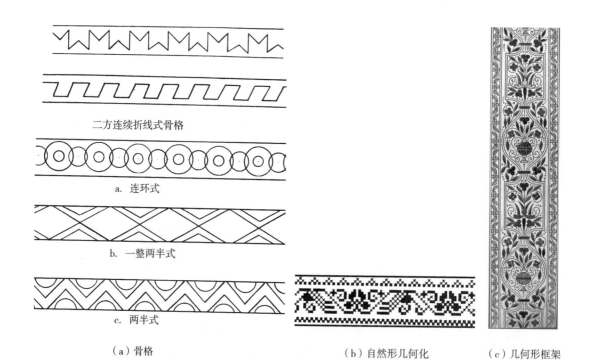

（a）骨格　　　　　　　　（b）自然形几何化　　　　（c）几何形框架

图3-3-16　几何式二方连续图案

的效果（图3-3-17）。

需要强调的是，设计二方连续不仅要熟悉这些构成形式及特点，并能根据装饰需求恰当地运用它们，而且还应注意以下几个关键问题：

①整体感。初学者往往会误以为二方连续就是单独纹样的连续重复，所以时常孤立地在一个纹样形象上下工夫，认为单位纹样画得好，二方连续自然会漂亮，忽略了**带状的整**

图3-3-17　综合式二方连续图案（染织图案，日本）

体特点。其实，设计二方连续始终应考虑单位纹样连在一起后的效果。特别是单位纹样的连接处更为重要，处理得好，纹样间会和谐、自然，甚至会出现新的形象；处理得不好，纹样则会"各自为政"，破坏整体效果。

②节奏感。设计二方连续要讲究节奏感，在起伏、轻重、疏密的关系中力求变化，谨防板、平、塞的倾向。

③方向性。一般来说，无方向性的图案适应性最强。但许多图案是有方向限定的，特别是在与装饰对象结合后则产生了方向性。连续图案由单位纹样反复排列而成，在使用过程中很可能会发生形象倒置的现象（如动物、文字等），这时就应考虑到一般人们的视觉习惯从而进行调整。

④转角处理。二方连续既然是带状的，有时就会遇到转角。转角处的单位纹样常在夹角的中线上，这时它应以与角成相对或相顺的方向为宜（强调角的感觉）。另外转角纹样要与两边纹样自然衔接，顺其节奏规律和气势，必要时可将两边纹样做适当调整，切忌生掰硬折（图3-3-18）。

2. **四方连续图案**　以一个单位纹样向上、下、左、右四个方向进行有规律地反复排列，并可无限扩展、延续的面状图案叫做四方连续图案。其组织形式很多，构成方法也较为复杂。

（1）散点式。在一个循环单位内布置一个或数个装饰元素，这些元素以分散的点状排列，由于这种构成形式活泼，纹样互不连接，故称散点式。散点式四方连续又有规则和不规则两种形式。规则散点的特点是纹样疏朗、分布均匀，有活泼、跳跃之感（图3-3-19）。

不规则散点是一个循环单位内的几个装饰元素安排较自由，再将此循环单位做"平接"或"跳接"循环排列。由于"平接"、"跳接"的连接不同，所以单位纹样的结构也有区别。为简便易画，设计时常采用"开刀法"，即将一纹样"切开"再拼接绘制，从而

图3-3-18　二方连续转角处理

a. 两个点

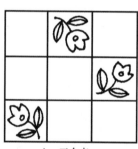

b. 三个点

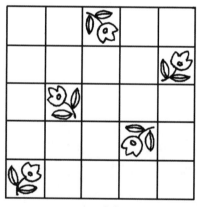

c. 五个点

图3-3-19　散点式四方连续单位纹样的构成

得到一个可以四面循环连接的单位纹样。这种单位纹样构成的四方连续有活泼、多变、自由、随意的特点。常用的开刀法有1/2开刀、1/3开刀、2/5开刀、四分开刀和斜开刀等（图3-3-20、图3-3-21）。

①平接。即将单位纹样作垂直和水平方向续接并无限延续、扩展，这是最简单的连接方法，也称"平排"。

②跳接。即将单位纹样沿竖边作横向高低错位连接，常见的有1/2跳接、1/3跳接和

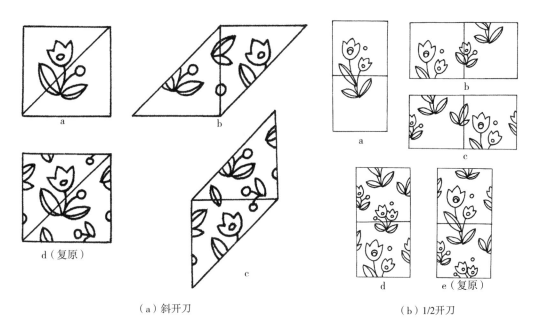

（a）斜开刀　　　　　　　　　　　　　　　　　　　　（b）1/2开刀

图3-3-20　散点式四方连续单位纹样的构成

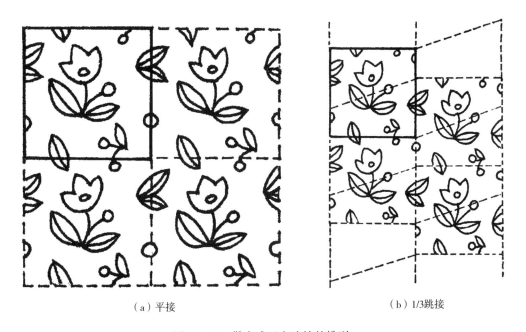

（a）平接　　　　　　　　　　　　　　　　　　　　（b）1/3跳接

图3-3-21　散点式四方连续的排列

2/5跳接等。其特点是纹样呈阶梯式上下交错，富有变化，也称"错接"或"斜排"（图3-3-22）。

（2）连缀式。也称几何加花式，即在特定的几何形框架内添加纹样。通过几何形框架的无限延展，形成整个纹样的连绵不断。连缀式结构在四方连续纹样中应用甚广，具有严谨、充实、连接简便之特点。连缀式分以下几种：

（a）跳接　　　　　　　　　　　　　　（b）平接

图3-3-22　四方连续——平接、跳接（纺织品图案）

①阶梯连缀。即以方形或长方形为基本单位框架，其排列形式呈阶梯状高低错位。其原理与散点跳接一样，可做1/2、1/3、1/4等错位连接。

②圆形连缀。即以圆形为基本单位框架，其排列形式有两种，一是并列圆形连缀，其间隙空间呈近似菱形；一是错位圆形连缀，其间隙空间呈近似三角形。**在所有连缀式结构中，唯有圆形连缀会产生出不同于主体形的"空隙形"，因而这种连缀更具变化。**

③菱形连缀。即在菱形的网格框架中添加纹样。为了使整幅图案更加生动、富有变化，有时框架中的纹样可延伸出来，当然更多的纹样是严格适合外框的（图3-3-23）。

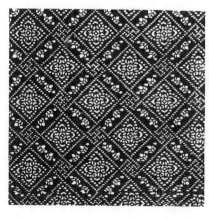

（a）圆形连缀　　　　　　　　　　　　　　（b）菱形连缀

图3-3-23　连缀式四方连续——圆形连缀、菱形连缀

④波形连缀。即在波形的框架中添加纹样。在所有连缀形式中，波形连缀最富变化，它可有凸波形、缓波形、离波形、接波形、重波形等。波形框架的方向有纵向、横向、斜向（图3-3-24）。

⑤条形连缀。又称二方连续并列连缀。即以一条或几条二方连续为单位，做并列重复式排列。此连缀应注意二方连续间的呼应，单位纹样间的尺度不宜相差太远。

⑥转换连缀。即在循环单位框架中将纹样做正、倒转换或多向转换，再将此循环单位做规律的重复排列。

（3）重叠式。将两种不同的四方连续重叠在一起。一般重叠在上的纹样是主要纹样，也叫"浮纹"；重叠在下的纹样是陪衬，也叫"底纹"。设计这种构成形式的图案应注意层次清楚、主从分明，避免互相干扰以致杂乱无章（图3-3-25）。

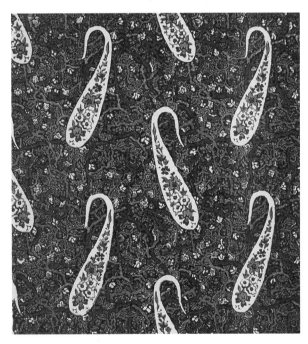

图3-3-24　连缀式四方连续——波形连缀　　　　　图3-3-25　重叠式四方连续

四方连续也需注意整体感和节奏感的把握。四方连续是一种大面积的装饰，更需具备"整体意识"，要认真考虑单位纹样之间的衔接、呼应关系和连成一片后的效果。特别是散点式构成，应做到分布均匀、疏密有致，切忌单位纹样连起来后出现大面积空隙，形成所谓"横档"、"直条"、"斜路"等毛病。

（三）群合式图案

群合式图案是指由众多形象无规律组成的带状或面状图案。这种图案没有明确的限制，可以任意延展，也可按需要随时停止，图案形象分布自由，有均匀和不均匀两种结构。

1. **带状群合式图案** 由许多相同或不同的形象组合而成的不重复又可不断延续的带状图案叫带状群合式图案。其形象排列没有规律，组织有均匀和不均匀两种形式。

（1）均匀式带状群合。指形象的大小、组合的距离较接近，但形象却不尽相同，因而总体效果均匀、齐整而又不乏变化。均匀式带状群合的构成形式可以是散点的，也可以在规律的骨格中自由填置各种不同的形象。（图3-3-26）

图3-3-26　带状群合式图案（北魏石刻）

（2）不均匀式带状群合。指形象的大小、组合的方向、距离都有较大变化，总体效果跳跃幅度较大，新颖奇异。不均匀式带状群合的构成是散点式的。

2. **面状群合式图案** 由许多相同、或相近、或不同的形象组合而成的面状展开的图案叫面状群合式图案。其形象排列没有规律，纹样组织结构分均匀式和不均匀式两种。

（1）均匀式面状群合。即纹样的总体安排有一无形的骨格进行限定或控制，所以虽然图案形象变化无规律，但仍有一种均匀的秩序感。

（2）不均匀式面状群合。指形象似随意排布呈面状铺展开来，形象的大小、方向、距离皆有差异。这种组织形式变化起伏大，对比强烈，富有变化的韵味（图3-3-27）。

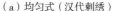

（a）均匀式（汉代刺绣）　　　　　　　　（b）不均匀式（马蒂斯作品）

图3-3-27　面状群合式图案

3. **群合式图案设计要点**　群合式图案的组织形式是十分自由的，其最大特点是轻松、随意、活泼、新颖，既合乎装饰特点，又无明确的排列规律可循。在大的框架、基调确定以后，设计者可以随机地排布各种形象。设计群合式图案应注意以下几点：

（1）群合式图案并不是将形象随意地堆加罗列，而应是一种更高、更难的总体设计。除了对图案效果有完整的设想把握外，还应在形象的塑造、衔接上追求一种情趣和新意，取得连续式图案、单独式图案无法达到的别致、生动感。

（2）在均匀式群合图案中，应注意形象大小、起伏、强弱的节奏变化，切忌塞、挤、平。

（3）在不均匀式群合图案中，应注意总基调的把握及形象间的相互呼应，尽量在色彩、表现形式上求得一种和谐，以使图案变而不乱、繁而不杂。

第四节　表现形式及技法

图案付诸于纸面的表现形式无外乎黑白表现和色彩表现两大类。所以，图案有黑白图案、色彩图案之分。学习基础图案必须熟练掌握这两种表现形式。

一、黑白表现

黑白表现即排除各种色相、纯度等因素的影响，以极为抽象、概括的黑白两色来表现物象的图案形式。它以简洁、朴素、对比鲜明而独具魅力。人们对黑白图案情有独钟，一方面是其表现便捷；另一方面则是人的抽象概括本能及视觉心理需求所致。另外，由于黑白的单纯表现，手法较易掌握，所以它又是培养初学图案者基本造型能力的一个重要方式。

（一）黑、白

黑白两色常被称为极色或无彩色，在色相环中是不存在的。但这并不妨碍黑、白具有许多与其他色彩相似的属性，如白色有扩张感，黑色有收缩感；白色偏冷，黑色偏暖；白色虚，黑色实；白色轻，黑色重……由于这些属性，使得由黑白组成的图案艺术具有很强的表现力和感染力。如大块面的黑白对比视觉冲击力极强，具有响亮、粗犷、质朴、厚重、深沉之感；小块面的黑白对比视觉冲击力则弱，会产生明快、活泼、轻盈、精致之感；若将黑白对比减至点与面或线与面的对比时，则会形成优雅、细腻、精确、柔和的效果。又如白底黑图有逆光感，容易让人联想到白昼，形象明朗清晰；黑底白图有神秘感，容易让人联想到黑夜，形象朦胧隐晦（图3-4-1）。

另外，在黑白表现中，灰色也起着重要的作用。其实严格地说，黑白图案中不存在灰色，它是黑白两色细密相间（如点、线）的排布在人的视觉上所产生的一种视觉效果。由于黑白相间的比例不同、疏密不同、表现手法不同，我们可以得到各种明度、各种质感、各种表情的灰色。这些灰色虽不像黑白那样明确、有分量，但它灵活多变，在

（a）猫头鹰（王嵩作）　　　　　　　　　（b）菊花（民间剪纸）

图3-4-1　黑白表现

图3-4-2　黑白表现中的"灰色"（水仙，裴蕾作）

黑与白之间能够起到点缀修饰、丰富层次、缓冲对比、刻画细节、增强表现力的作用。一幅黑白图案中可以没有灰色，但有灰色层次的黑白图案肯定是丰富、细致并具有变化的（图3-4-2）。

（二）黑白中的"色彩"

黑白图案是无色彩的，但不能因此给人单调、苍白之感。怎样将色彩绚丽的各种物象引入黑白王国中而不减其魅力呢？一般来讲，有以下三种方法。

1. **接近原色**　即根据物象固有色的深浅明暗关系，将其转化为黑、白、灰。如紫红、淡黄两朵花衬以鲜绿的叶子，将其转换为黑白图案形象时，一般总是以黑表现红花，以白表现黄花，以灰表现绿叶，因为这样的配合较接近物象原来的明度关系。所谓"写实"的黑白图案，就是以丰富而又接近原物象明度关系的黑、白、灰层次来表现（图3-4-3）。

2. **以无代有**　即利用观者的自然联想和心理作用，使黑白表现达到"多彩"的效果。如以密集的线条表现植物的叶子，以同样密度的线条表现缕缕羊毛，这些黑白相间的线在画面上的灰色度是一样的，但由于形象的引导，在人的意识中则反映为前者是绿色，后者是白色，谁也不会认为是在画灰色的叶片、灰色的羊毛，更不会想到白色的叶片、绿色的羊毛。在这里，首先黑、白、灰本身就构成了富有个性的"调子"，使得形象优美而完整；其次在黑、白、灰的背后蕴藏着丰富的色彩指征和色彩关系。这就是黑白作品的妙处，也是以无代有的魅力所在（图3-4-4）。

图3-4-3　接近原色（百合　　　　　　　　图3-4-4　以无代有
花，神琛琛作）

　　3. **以无胜有**　即根据设计者的意图，夸张或改变客观对象的色彩关系，创造出一个新的、更具个性的艺术境界。如黑白图案中的"白天"、"黑地"或"黑天"、"白地"会别有一番苍凉、静穆之感，这是极致的夸张，显现一种高远、深沉。从艺术的角度上讲，这也许比蓝天、白云、黄地、绿草更具感染力。黑白所创造的凝重、炽烈、鲜明的境界往往是"真实的色彩"难以达到的。再如，花卉素以姹紫嫣红而令人喜爱，但黑白图案中许多优秀的"黑花白叶"或"白花黑叶"却更显明快、娇柔，它所展示的素雅、淡泊、纯净之美绝不逊色于红花绿叶、黄花紫叶……因此，黑白表现的价值绝不仅仅在于它能创造出比现实物象更加单纯、简洁的形象，更在于它所营造的超凡脱俗的感人的艺术境界，这是其他表现形式所难以比拟和无法替代的（图3-4-5）。

（a）　　　　　　　　　　　　（b）

图3-4-5　以无胜有

（三）黑白表现手法

黑白表现的处理手法极为丰富，一般可概括为以下几种。

1. **黑白互衬**　在黑白图案中，有许多是以十分简洁的黑白块面相互衬托、反复相套来表现形象的，画面效果明快、整体，黑白相切，图地转换鲜明，具有很强的感染力和视觉冲击力。由于块面单纯概括，所以运用此手法要特别注意形体结合巧妙和某局部的细微变化，以使画面简而不空，耐人寻味（图3-4-6）。

2. **疏密对比**　以线条、小块面或点的疏密排列形成对比来表现形象，画面效果变化丰富，层次清晰，具有韵味。运用这种手法应注意节奏、松紧的把握，"疏可跑马，密不透风"，使主要形象鲜明、突出（图3-4-7）。

图3-4-6　黑白互衬

图3-4-7　疏密对比（比亚兹莱作品，英国）

3. **渐变过渡**　以黑白之间逐渐过渡、相互渗入的方式来表现形体的起伏和面的转折，表现空间、虚实。画面效果细腻，层次丰富，块面转变柔和（图3-4-8）。

4. **阴形与阳形**　在黑白图案中还常用阴形或阳形的处理手法。阴形即在大面积的黑色中以白色的点、线、面表现形象；阳形则相反，即在大面积的白色中以黑色的点、线、面表现形象。阴形似黑夜，有神秘感；阳形似白昼，有明朗感。但若处理不当，两者都会显得单调或纤弱，所以，在图案中常采取以一方为主，两者结合的方法，或阴、阳相互转换的手法，阴中有阳，阳中有阴，使画面更加生动丰富（图3-4-9、图3-4-10）。

5. **背景处理**　在黑白图案中，背景处理也很重要，它常起烘托主题、强化气氛、创造特定意境的作用。如以黑色为背景显得宁静，以白色做背景显得明快，以灰色做背景显

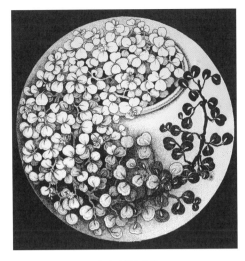

（a）埃舍尔作品（荷兰）　　　　　　　　（b）刘长菊作

图3-4-8　渐变过渡

（a）克拉萨乌斯卡斯作品（捷克）　（b）埃特尔作品（俄罗斯）

图3-4-9　阴形与阳形

图3-4-10　阴形与阳形——招贴画（音乐节—维也纳管弦乐队）

得朦胧。在黑白灰关系中，图像与背景的关系可分为：白底黑图、黑底白图、白底灰图、黑底灰图、灰底白图、灰底黑图、白底白图、黑底黑图及灰底灰图等多种类型。

二、色彩表现

人的视觉对色彩极敏感。当一个形象出现时，人们首先看到的是色彩，然后才是具体的形和结构。所以，无论是在绘画创作中还是在图案设计中色彩都占有十分重要的位置。从本质上说，图案的色彩是"人为的色彩"，它是人们根据实用、工艺制作、材料、审美等各种需要综合"创造"出来的。图案的色彩是夸张的、理想化的、装饰化的，同时也是切合实际的，与实用不可分的。

图案艺术是一种实用艺术，它关系到用，也关系到人，所以要想驾驭色彩，塑造出优秀的图案形象，就必须了解色彩与人和用密切相关的两大要素——色彩的表情与色彩的变化。

（一）色彩的表情

色彩本身无表情可言，但由于客观现实中无处不在的色彩给人以各种心理、生理上的影响，使得它在人们眼中有着丰富的"表情"，从而引起无限的联想。就浅层次的感觉来说，色彩有冷、暖、轻、重、柔和、坚硬、膨胀、收缩、华丽、朴素之分；就深层次的联想来说，色彩又有庄严、神圣、肃穆、阴森、热烈、欢快、平和、安宁、深沉、纯洁、质朴、温馨之别。

另外，在不同时期、不同地域、不同的人群中，色彩又有各种各样的象征和寓意。这些对于物品的使用者或图案的观赏者来说至关重要，它直接影响到人们的喜好或厌恶、接受或拒绝。如常见的红色，它给人最直观的感受是热烈、醒目，最直接的联想是火、血和太阳，它很适合烘托热闹、欢快的气氛，也很容易营造紧张、恐怖的感觉。红色图案包装的酒瓶让人感到喜庆，红色地毯迎接宾客显示出主人的盛情，红色的服装使着装者焕发青春的活力与朝气；但红色的指示灯无论在什么位置都会让人警觉，引起不安。再如灰色，它是所有色彩中最不确定的颜色，又是变化最微妙的颜色，它可倾向于各种颜色，而各种颜色又都可倾向于灰色。由于灰色的这种特点，使得它的"表情"也十分丰富，甚至是相反的，高贵与平庸、洁净与肮脏、单纯与含混、轻柔与凝重等都可以表现。以灰色装饰文具、办公用品，使人感觉沉静、稳定、和谐、可信赖；以灰色装点服装，使人感觉典雅、端庄、含蓄。但若以灰色图案包装食品，则会使人想到过期变质；以灰色图案覆盖卧具，则会有陈旧或不洁之嫌。

以上例子不仅说明色彩有各种不同的表情，而且还说明色彩表情会引起人们共同的心理感应。图案设计者必须深入观察、研究这些问题，要学会并善于利用色彩"引导"人的感觉和联想（图3-4-11）。

（二）色彩的变化

在人们的一般认识中，色彩是固定的，每种物象都有它"本身的颜色"，每种颜色又有它不变的相貌。如红花、绿叶，蓝颜色、黄颜色，这是再明确不过的。但实际上，色彩却因种种因素的影响在不断地变化，它的呈现是各种关系作用的结果。一个优秀的设计师应该了解这些关系作用，掌握其规律。

1. 光决定色彩的变化 白色在阳光的直射下是雪白的，但它在阳光照不到的阴影处

图3-4-11　色彩的表情（纺织品图案，日本）

则呈蓝紫色、蓝灰色。绿色在黄色光照下偏暖，在蓝色光照下则偏冷。晴天，所有景物的色彩都十分鲜明、亮丽；阴天，景物的色彩变得灰暗、混沌；夜晚，景物的色彩模模糊糊，基本看不见了。所以说，光对呈色有决定性作用。

2. **质感会导致色感不同**　如塑料布上的橘红色要比棉布上的显得明快；同样的黑色在木料上偏暖，在金属上偏冷；陶器上的黄色质朴浑厚，把它移到玻璃上，则显得华丽、单薄。这不仅是材质呈色的不同，还与人的心理感受和记忆有关。

3. **环境也会改变色彩的呈现**　将同一块朱红色分别放在深红底上和翠绿底上，效果会完全不同，要想让深红底上的朱红色与翠绿底上的朱红色同样鲜明，必须调整各色的对比关系。

所以，对于强调实用功能的图案来说，其色彩的组织应用绝不仅限于符合色彩审美规律的搭配，还必须考虑色彩应用环境的各种变化因素。如用在泳装上的色彩，除了考虑泳装色彩的自身搭配外，还要考虑它与大面积裸露的皮肤的色彩关系，更要考虑蓝天、碧水、沙滩的映衬效果；而晚礼服大多在灯光下使用，它的色彩不仅要顾及灯光的效果，还要考虑灯红酒绿、五彩斑斓的环境。除了这些"光色"、"环境"因素外，材料质感的因素也不能忽视，如丝绸、天鹅绒、毛呢、亚麻等的呈色力是大不相同的。

（三）图案色彩的调配

所谓"调配"，实际上是两个概念：调——调和（混合），即把两种或两种以上的颜色混合在一起形成新的色相，我们使用的色彩绝大多数都是属于调和过的色彩；配——配置（搭配），即把各种色彩搭配在一起形成一种色彩关系，图案色彩的成功与否关键看搭配是否恰当。

1. **调色**　色彩的调和（混合）必须通过基本色来完成，要想学会调色，应该先了解色彩的基本混合规律和特点。

（1）原色相调和。原色也称基本色，即红、黄、蓝三原色。三原色中任意两色的调和就形成间色。由于红、黄、蓝之间的相互调和而产生色环上的各种色相，再与两极色——黑与白的调和，就能产生纯度不同、明度不同的丰富多彩的色相。

（2）间色相调和。两种间色相互调和即成为复色，或称为再间色。另外，对比色的调和也称为复色或灰复色。

明调的调和：以一色为基础，调和白色，逐渐变亮。

暗调的调和：以一色为基础，调和黑色，逐渐变暗。

暖色的调和：使色彩倾向于黄色、红色的结果。

冷色的调和：使色彩倾向于蓝色、绿色的结果。

另外，还应强调一下，我们所画的图案色彩与物质产品的色彩是有差距的。前者是纸面上的色彩（颜料），后者是物质的"工艺色"，所以在调配图案色时必须考虑到色彩在工艺流程中的变化及最终呈现的效果，要尽量使两者接近。"做不出来"的色彩，调得再美也是纸上谈兵。

2. **配色** 图案色彩的配合应掌握两方面的规律，一是色彩的对比，一是色彩的调和。

（1）色彩的对比。一般来说，讲到色彩的对比，人们首先想到的是不同颜色的对比，如红与绿、蓝与紫等，即色相的对比。在色相环上，距离越近的色彩对比越弱；距离越远的色彩对比越强。但色彩对比若仅是色相的变化，容易趋于单调而且许多关系不易处理。所以还要有明度对比、纯度对比、冷暖对比、面积对比、距离对比等（图3-4-12）。

①明度对比。即在色彩的明亮程度上做文章。两色并置时，提高一方的明度，降低另一方的明度，其结果是对比更强烈，一方更突出。若同时提高或降低双方的明度，色彩则趋向统一（图3-4-13）。

②纯度对比。色彩纯度越高，并置在一起对比越强烈，反之则弱。两个纯度不同的色彩并置，纯度高的色彩会醒目、跳跃；纯度低的色彩则隐退，趋于陪衬（图3-4-14）。

③冷暖对比。任何色相都有趋向

图3-4-12 色彩的对比（剪纸《巧打扮》，库淑兰作品，陕西）

图3-4-13　明度对比

图3-4-14　纯度对比

于暖或趋向于冷的可能。在色彩对比中加入冷暖变化，会使色彩对比更丰富、更有趣味。若旨在加强色彩各自的冷暖倾向，则色彩对比更强，相互衬托或相互冲突的效果会更明显（图3-4-15）。如红色与绿色对比，让红色更暖、绿色更冷，色彩反差会更强。若旨在强调色彩之间的冷暖共性，则色彩趋向统一。如在红色与绿色的对比中，强调暖的趋势，则变成草绿与橘红，色彩走向统一；强调冷的趋势，则变成蓝绿和紫红，色彩仍是趋于统一。

④面积对比。在色彩对比中，面积（即色彩的"量"）也是重要因素。通常面积大的色彩多处于优势，但也有相反的情况。当某一小面积色彩与周围大面积色彩反差很大时，它会成为视点中心，也会处于优势。所以，加强色彩对比，拉大色彩面积的差异也是重要手段之一（图3-4-16）。

图3-4-15　冷暖对比（巩向永作）　　　　　　　　图3-4-16　面积对比

⑤距离对比。色彩对比强弱与色彩之间的距离也有关系，距离越近，对比越鲜明、强烈；距离越远（中间插入中性色），则对比越弱、越缓和。

在图案配色中，使用对比手段是创造变化的重要源泉，它能使画面生动、鲜明，充满活力。

（2）色彩的调和。调和即谐调、统一，它以变化、对比为前提。一块颜色无所谓调和，只有当它与另一块颜色互相对比时，才能言及调和或不调和。图案色彩的调和一般基于两个方面，一是相近色调和，一是相异色调和。

①相近色调和。指包括同类色、邻近色、近似色在内的各种色彩相互搭配，由于这些色彩的色相较为接近（或说具有互渗的因素），所以很容易取得调和效果（图3-4-17）。

②相异色调和。指包括中差色、对比色、互补色在内的各种色彩相互

图3-4-17　相近色调和（杨依雯作）

搭配，由于这些色彩性质差异大，所以要使它们相互调和，就得采取一些方法。

a. 减弱法：以降低纯度、提高或减弱明度、改变冷暖倾向等办法，使本来对比强烈的色彩在统一的条件下趋向调和（图3-4-18）。

b. 缓冲法：在对比强烈的色彩中使用黑、白、灰或中性色加以阻隔，拉开对比色间的距离，会起到降低冲突、倾向调和的效果。

c. 渐变法：在强烈对比的色彩边缘做渐变处理，使双方最弱的层次接触在一起；或以渗透的方法，在对比色相互靠近的边缘部分点出一定数量的对方的色点，使之具有契合、融入的意味，也可达到调和的效果。

d.统辖法：使某一色调成为统辖画面的主调，从而削弱色彩对比的强度。小块面的对比色跳跃、鲜亮，但不能影响全局（图3-4-19）。

图3-4-18　相异色调和——减弱法　　　　　图3-4-19　相异色调和——统辖法
（都天一作）　　　　　　　　　　　　　　（学生作品）

三、表现技法

表现技法也是图案设计的一个重要方面。当形与色确定之后，图案形象以怎样的面貌出现，关键看技法的选择。技法选择运用得是否恰当，直接关系到图案表现的成败。图案的表现技法很多，大抵分为纸面表现和实物表现两类。这里仅介绍几种常见的纸面表现技法，实物表现技法将在第四章第五节"服饰图案的工艺表现"中讲述。

（一）点表现法

在图案中，点的表现是基本技法之一。通过点的大小、疏密的处理，可以取得多样的装饰效果，还可以表现形象的光影、虚实、层次等感觉。

由于点十分细小，所以它在人们的概念中大多是圆的。其实，为了达到不同的视觉效果，图案中除圆点外还常使用许多别的形状的点，如方点、三角点、星形点、菱形点、米形点、槟榔点、泥地点等。点不仅是实心的，也可是空心的。我国唐宋时期在陶瓷上的"珍珠地"装饰就是以空心圆点做底纹的，效果非常别致。

点的描绘可以用毛笔、钢笔，也可借助其他各种工具。应该注意的是，在同一画面上不要过多使用不同形状的点，以免因杂乱而破坏整体效果（图3-4-20）。

（a）陶瓷图案（苏联）　　　　　　　　　　（b）蓝印花布图案（江苏）

图3-4-20　点表现法

（二）线条表现法

线的种类繁多，有直线、曲线、粗线、细线、实线、虚线、单线、双线、复线、粗细线、不规则线等。表现线的方法也很多，如画出来的线、刻出来的线、划出来的线、压出来的线、空出来的线等。

由于线本身的特点不同，描绘线的方法也不同，各种线都有不同的"表情"。如直线明确，曲线灵活，粗线有力，细线柔和；画出来的线流畅，刻出来的线滞拙，划出来的线飘逸，压出来的线含蓄，空出来的线（几块色的缝隙）粗细斑驳别有韵味……因为线有许多"表情"，所以在表现形象时要慎重选择，使之烘托乃至强调形象的特点，创造出具有艺术魅力的个性风格（图3-4-21、图3-4-22）。

（三）平涂表现法

平涂是将色彩均匀铺开的一种技法。它不露笔触痕迹，无轻重变化，在塑造高度概

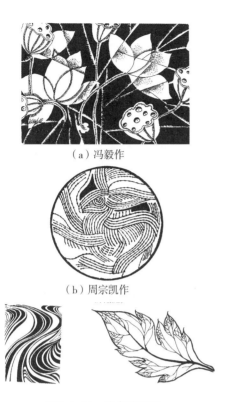

（a）冯毅作

（b）周宗凯作

图3-4-21　线条表现法

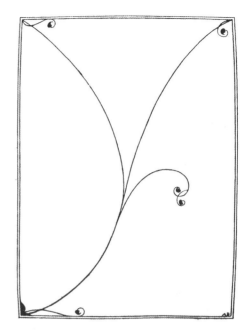

图3-4-22　线的表情（比亚兹
莱作品，英国）

括、平面化的形象时常会用到。其最大特点是
平和、稳定、纯净。

　　有时人们为了寻求变化，突出形象，常把
平涂和勾线结合起来使用，称为"平涂勾勒
法"或"勾线填色法"。前者是先平涂后勾
线，结果形象齐整、线色均匀；后者是先勾线
再涂色，既可以将线让开保留其匀直，也可以
有意将线做部分遮盖，或留出空隙做出斑驳顿
挫的效果（图3-4-23）。

（四）推移表现法

图3-4-23　平涂表现法（林乐城作品）

　　推移表现法是一种色彩渐变的表现技法。先
将纹样分出若干层次，然后施以层层递增或递减的色阶，从而达到色彩过渡的目的。其最
大特点是过渡自然、清晰明快，具有明显的节奏韵味（图3-4-24）。

（五）渲染表现法

　　渲染表现法也是一种色彩渐变的表现技法。其做法与国画中的渲染相同，即用清水笔将还未干的涂色渐渐向外染化变浅，使色彩形成一种自然而然由深渐浅、从浓变淡的效果。其表现特色是画面虚实感、层次感强，色彩过渡柔和，具有细腻、朦胧之美（图3-4-25）。

图3-4-24 推移表现法（黄硕作）

图3-4-25 渲染表现法

（六）枯笔表现法

枯笔表现法即巧妙利用枯笔运行时所形成的由实到虚的变化，制造出一种色彩由浓变淡的感觉。这里应该注意的是，枯笔的走势应契合形象的结构、体面的转折，这样才能起到既表现色彩变化又表现虚实层次，生动传神的功效。枯笔表现法的要领是落笔要稳，方向要明，走笔要快，笔上的颜色不宜太湿。

取得"枯笔效果"的另一办法，即用刀刮。把需要虚或淡的部分用刀片刮掉，同样可以做到爽快、生动，但前提是纸要光滑，色要干透，刀要锋利，用劲要巧（图3-4-26）。

图3-4-26 枯笔表现法（《水仙》局部，弗朗斯，塞舌尔）

（七）撇丝表现法

撇丝表现法是一种表现细密线条的方法。即用较干的笔蘸色，笔尖叉开形成丝丝小绺画出一组组细线。这些细线可粗细顿挫，也可均匀流畅，多用来表现物象纹理（如花瓣、叶脉）、明暗、虚实或色彩变化。撇丝用色可以是一色，也可以是两色或多色，也有成角度撇丝追求网状效果的，但都要切记不可"乱"、"塞"（图3-4-27）。

（八）防水表现法

防水表现法是一种追求古拙、表现斑驳效果的技法。用白蜡或蜡笔、油画棒或油性颜料等在构成的草图上根据需要进行涂擦，然后再将水彩或水粉色罩上去，因水与上述物质材料不融合，所以涂过的地方就会空出不甚整齐、也不太均匀的形，这种效果是手绘所达不到的（图3-4-28）。

图3-4-27 撇丝表现法　　　　　　　　图3-4-28 防水表现法（蜡染图案色稿，张向宇作）

（九）喷绘表现法

喷绘表现法是运用专用喷笔，喷射出各种色彩的微粒来塑造形象。其做法是，用卡纸或其他较硬的纸按图形和色彩需要镂刻板型，把需上色处刻掉，不需上色处留下起遮挡作用，然后喷绘。喷绘技法表现力很强，能够使色彩自然过渡，十分精确、形象地表现色彩变化、明暗转折和层次，使画面形象细腻、柔和、精致。喷绘可单独使用，也可结合其他方法表现。

另外，还有一种较简便的喷绘方法，即用小刷子蘸上颜色，再用尺或笔杆等在距画面一定间隔处拨刮，色点即会喷洒在纸面上，这种做法虽不及喷笔来得均匀、细腻，但操作灵活、方便，有一种特殊的效果（图3-4-29）。

图3-4-29　喷绘表现法

（十）拼贴表现法

选用各种彩色图片、布料或其他材料进行裁剪、粘贴构成装饰图案。这种方法表现力很强，形式也极为丰富。它可以十分单纯，只用一种材料，两三种颜色；也可以非常复杂，采用多种材料，多种色彩。但无论是繁是简，都应强调拼贴的特点，不要过于拘泥于形象的细节变化，应追求拼贴时所呈现出的拼合、叠加、参差效果，尽量利用材料所特有的色彩、纹理和质感，达到手绘难以达到的效果（图3-4-30）。

（十一）计算机图形处理

由于计算机辅助设计有着手工绘制所无法比拟的高效率、高精确度和极为丰富的表现形式，所以在当代图案设计中，计算机的介入已是极其普遍的事，甚至已经形成了装饰图案中的"计算机风格"。

计算机作为一种新的表现工具，通过硬件的操作、软件的数字化处理，具有纸、颜料、手绘不可企及的优势，诸如其快捷精准的复

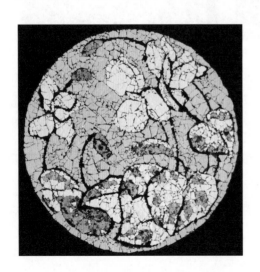

图3-4-30　拼贴表现法（蛋壳拼贴，孙洁作）

制、无限重复、唾手可得的各种肌理表现，随意拼贴、嫁接、修改形象的功能，幻化多变的奇异复杂形象等，都为人们提供了全新的图案表现语言和途径，打开了极其广阔的表现空间（图3-4-31）。

（a）计算机辅助设计　　　　　　　　　　　（b）分形艺术

图3-4-31　计算机图形处理

以上概略介绍了一些常见的表现技法，其实装饰图案的表现技法远不止这些。随着科学技术的不断发展，新技术、新工具、新材料的不断出现，也会使装饰图案的表现技法不断变化、更新。我们在进行装饰图案创作时，应开阔眼界，不断研究探索，有所发现、有所创造，以使作品更加新颖、完善。

第四章　服饰图案形象

第一节　造型的意向与依据

服饰图案形象大略可分为两类：一类是以自然形、人造物等客观存在的现实形象为依据的具象形，一类是以几何形、随意形等为主体的抽象形。无论是具象形还是抽象形，都要经过从无到有、从粗到精、从朦胧的意向到完整的表现这一过程。塑造服饰图案的形象应以明确的造型意向和丰富的造型依据为基础。

一、造型意向

服饰图案具有很强的实用性和目的性，因而在塑造图案形象的开始，就应树立明确的造型意向，即要有十分清晰的造型意图和设计目标，以使服饰图案设计具有适应性和针对性。服饰图案的造型意向有主观意向和客观意向之分。

（一）主观意向

主观意向即设计师自己的创意和理想。要塑造服饰图案形象，设计师首先要对装饰对象的全貌有一初步的设想，诸如准备创造什么样的风格，达到怎样的品位，强调突出什么，表现什么意蕴，塑造什么样的图案形象，怎样使图案与服饰相适合，等等。主观意向主要由设计师个人的艺术修养、审美理想、设计意图、创作经验等方面的因素所决定。

（二）客观意向

客观意向即除设计师主观意向之外的、来自装饰对象和实现途径的客观要求和条件。服饰图案的直接装饰对象主要是服装以及与服装相关的附件、配件等。所以，服装的风格、款式、功能、结构、用料，着装者的身份、情趣、着装场合，还有生产制作的工艺条件以及流行趋势、市场销售行情等，都会对图案形象的塑造提出种种要求和限制。这些都属于客观意向，它不以设计师的个人意志为转移，而是由诸多客观条件决定的。

主观意向与客观意向是相互关联、相互影响的。主观意向以客观意向为依据和参照，客观意向通过主观意向得以贯彻和实现。在服饰图案设计中，明确的意向为图案形象的塑造确立了方向和基础。

二、造型依据

造型依据是设计师长期观察、体悟生活，悉心了解、研究人们的着装时尚和着装心理而获得的。要设计出好的服饰图案、为图案设计找到恰当的造型依据，设计师就应时时观察现实生活中的各种事物、现象，把握时代脉搏，同时又要善于捕捉人们内心的种种感受，不断从中汲取设计灵感和参照依据。

服饰图案造型依据的内涵十分广泛，它既包括人们常说的"形象素材"，又包括素材以外的许多东西。总括起来大致可分为三类。

大千世界的客观物象：客观物象包括人物、风景、植物、动物，大到宇宙星辰，小到各种物象的局部乃至各种微生物、细胞形态、矿物质的结晶等。

社会现象和各类人文事物：社会现象和各类人文事物包括人造物、文字，各种符号、标徽、纹饰，其他姐妹艺术及社会热点、重大事件等。

人的主观感受：主观感受包括设计师对外界事物的感受和纯粹的内心体验以及时下人们的时尚追求、价值取向和审美心理。

第二节　具象图案

所谓具象图案，即指模拟客观物象或以客观物象为造型来源的图案。服饰上的具象图案，其传达、表征意味十分明了，所以是一种很容易让大众接受的图案形式，也是设计师经常使用的一种便利造型手段。相对而言，具象图案在休闲装、童装、青年装和女装中使用较多。在服饰中，具象图案所涵盖的内容十分丰富而且各具特色，下面分别阐述。

一、花卉图案

在服饰中，花卉图案应用之广泛是其他任何图案都无法比拟的。特别是女装，花卉图案的应用尤其普遍，外套、内衣、礼服、上衣、下裙无所不有，几乎成了女装的特殊符号。当然，由于花卉形象的装饰特点，它在童装乃至一些男装中也不少见。花卉形象在图案中运用的最大特点，在于其灵活性强和适应性广。

（一）灵活性

1. **从组织结构上看**　花的组织结构有着极大的灵活性，无论拆散还是组合都十分方便。对花卉图案而言，丛花、枝花是完整的，花头、叶片甚至花瓣也是完整的，都可以在服饰上构成贴切的装饰形象。而且，对花型进行各种"移花接木"式的处理，如删减、添加或重新组合，都不会有怪异荒诞之嫌，都不会削弱或破坏花的一般特征和基本

图4-2-1　花卉图案的灵活性（毯子，现代，爱沙尼亚）

形象（图4-2-1）。

2. 从表现形式上看　花的形象可以处理得非常具体写实，诸如牡丹、玫瑰、菊花、百合等，极力保持其原型的形态特征，让人一目了然；也可以处理得非常概念抽象，很多花卉图案的形象并不属于任何具体的花卉品种，但又确能被人们认可和接受。所以，服饰图案中花卉的表现形式是十分灵活的。

3. 从指征意义上看　服饰上的花卉形象常常是纯粹的装饰，无任何内在意义；但有时又具有明显的指征内涵，或因装饰对象、着装者的不同而具有多种诠释。例如，同是牡丹图案，装饰在皇后的衣袍上，具有"花中之王"的特别指征；出现在农家妇女的布衫上，则只有"富贵美好"的一般寓意；而手绘在现代姑娘的丝巾上，则可能就是一种单纯的装饰形象，而不包含什么象征意义。

（二）适应性

由于花卉图案的灵活性特点，使它在服装装饰中具有很大的适应性。无论饰于衣边、领角还是下摆、前胸，无论单独装饰还是连缀铺开，花卉图案都能够胜任。而且其装饰对象也十分宽泛，从一般的便装到正规的礼服，从男人的领带到女人的披肩，从流行的外套到居家的睡衣，从鞋帽、手套到纽扣、挂饰，到处都能看到优美贴切的花卉装饰（图4-2-2）。

另外，服装材料大多为经纬结构的纤维织物，花卉的形象结构对织物的经纬结构也具有极好的适应性。如有些织、钩、挑、绣装饰，只能顺应织物的结构而相应采用十字形、交叉形、米字形等构成形式，而这些构成形式又恰恰体现了花形花貌的结构特征。所以，许多织物上的几何图案往往给人以花的联想，它们作为装饰形象既体现了人们对花的一般审美感受和表现要求，同时又契合了织物本身的结构规律。这也是花卉在服饰图案中占有重要地位的因素之一（图4-2-3）。

图4-2-2　花卉图案的适应性

图4-2-3 织物上的几何图案往往给人以
花的联想（苗族绣品局部）

花卉图案在服饰中应用十分广泛，其形象有写实、变化、抽象之分，其装饰形式也多种多样，既有平面装饰、凹凸装饰（浅浮雕状），也有形态生动的各种立体花装饰（图4-2-4）。

（a）中式女装上的"独棵花"装饰

（b）现代女装上的"满花"装饰
（SALVATORE FERRAGAMO）

图4-2-4 服装上的花卉图案

二、动物图案

在服饰中，动物图案的应用虽属常见，但远不如花卉图案那样广泛，这是由于动物形象自身的特点所决定的。首先，动物图案不太适宜作随意的分解组合（即便有，也要结合一定的寓意并得到人们的共识）。一般来说，动物形象是以全身或头部的完整形来表现的，而且具有明确的方向性。因此，其构成图案的灵活度不如花卉。其次，动物的形态和属性在人们的意识中是现实而具体的，并且往往带有个性和感情色彩。例如，将雄鹰、小猫、蝴蝶、鳄鱼分别装饰在服装上，显然会赋予服装以截然不同的特点和感觉，所以动物图案的指征和联想要比其他形象更直观、更强烈。因此，动物图案在服装中的适用对象较为有限，一般多用于休闲装和童装上。动物形象的塑造主要从动物的形态特征、动态特征和神态特征三方面入手。

图4-2-5 服饰中的动物斑纹图案
（SALVATORE FERRAGAMO）

（一）形态特征

由于生存环境和方式的不同，每种动物都有各自特有的形态，如大象的长鼻子、兔子的大耳朵、圆胖的猪、修长的鹭鸶等。这些形态特征赋予了动物鲜明的个性，也为我们塑造动物形象提供了最基本的造型依据。

另外，动物皮毛上的斑纹也常常是塑造图案形象的极好素材，巧妙利用可使图案别具特色。现代服饰常以动物皮毛的斑纹做装饰图案，诸如斑马皮纹、豹皮纹、虎皮纹、斑点狗皮纹、鳄鱼皮纹、蛇皮纹等，新颖而别致（图4-2-5）。

（二）动态特征

动态特征指动物的活动方式和姿态特点，它最能表现动物的形象特点和生命活力。每种动物都有其典型的动态，如猎豹飞奔、雄鹰翱翔、袋鼠跳跃、企鹅摇摆……这些动态是由动物的形体结构和生活习性决定的，也是塑造生动的动物形象的必备要素。在动物的三大特征中，动态特征的把握最重要，无论哪种动物，要画出其形态必然要结合一定的动态，而其神态也要通过动态来体现。在服饰图案中，动物的动态表现不会过分复杂，角度也较为单纯，但一定要典型、优美（图4-2-6）。

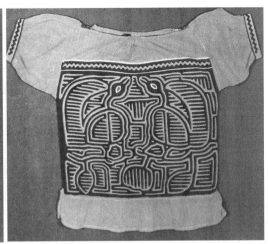

图4-2-6　服饰中动物形象的夸张与变化（库那人服饰，巴拿马圣布拉斯岛）

（三）神态特征

神态特征指动物的"表情"和"性格"。动物虽不像人那样有着复杂的心理活动和丰富的感情表达，但也确有表情，如警觉、漠然、惊恐、疲倦等。由于觅食方式各异，动物还形成了不同的性格，如食肉动物凶猛，食草动物温顺。动物的神态主要表现在其眼神及特有的动态上，如骆驼半合着眼睛迈着从容不迫的步伐，很有一种沉稳、驯良、悠然之感；而草原上奔腾的骏马，那飞扬的鬃毛、灵活而跨度极大的步态以及圆睁的眼睛，则显示出一种倔犟骠勇。所以，对动物眼睛的刻画和对特有动态的捕捉，是表现动物神态的关键。

但在服饰图案中，一般侧重表现动物形态、动态的较多，对神态的表现往往比较含蓄并有一定限度。如以雪豹、老虎为素材的服饰图案，常常着重表现其优美的形体、流畅的线条和富有装饰感的斑纹，而很少描绘其凶残的眼神；表现狐狸也都是在其色彩和造型特点上做文章，而不去刻画它狡猾、多疑的神态。

在不同的服装上，动物图案的造型倾向有很大区别。童装图案大多使用夸张、拟人的手法，在动物形态、神态上做较多的改变，以适应儿童的心理特点和需要。而休闲类服装则大多以写实或概括的形象出现，写实类动物图案细腻、真实，给人以贴近自然之感，耐人玩味；概括类动物图案则简洁、整体，起着烘托服装特色或点缀装饰的作用（图4-2-7）。

另外，在传统的民族民间服饰中，动物图案往往以添加或综合变形的形式出现，呈现出繁复、华丽、夸张甚至怪异之感，多被赋予祈福避邪的意义（图4-2-8）。

（a）EMPORIO ARMANI　　　　　　　　　　　　　　（b）

图4-2-7　服饰中的写实动物图案

（a）安徽民间肚兜（《中国民间美术全集》）　　　　（b）北美印第安人的披肩

图4-2-8　服饰中综合变形的动物图案

三、风景图案

风景图案在服装上应用较少，一般出现在休闲装、便装和一些展示性服装上。

　　由于风景图案涵盖的内容多样复杂，大则自然风光、名胜古迹、都市建筑、乡村田野，小则树木、小潭、屋影、岩石。而在服装这一特定装饰对象上，却不可能包罗万象什么都表现，所以服饰中的风景图案大多是经过高度提炼、归纳和重新组织的。

　　所谓高度提炼、归纳，就是将客观世界复杂的景象进行有目的的梳理和去粗取精的概括，使形象更加精练，更具典型性。优秀风景图案的高妙之处在于极端省略又让人感觉十分完美。

　　所谓重新组织，就是根据设计需要对景物进行重新安排。客观世界的各种景物都有自己的位置，并构成一定的关系。但这些关系不一定适合服饰装饰的需要，因此必须经过一番人为的改造和精心的安排。

　　一般而言，风景图案的组织方法有三种。

（一）平面化组织

　　平面化组织即将景物做正面平视处理，其构图的着眼点都在一条水平线上。这种组织形式要求形象简练，外轮廓特征明显并有参差变化。还有一种平面化组织，是将景物按需要在画面的上下左右平铺开来，形成一种自由、灵活的构图形式，其形象尽量追求主次分明、疏密对比、错落有致。

（二）层次化组织

　　层次化组织即整幅画面无焦点中心，将景物做前后关系的安排，但"前不当后"，无透视处理，具体细节或局部可作透视描画，呈立体感。这种组织方法构成的图案结构严谨、层次分明，同时又非常理想化、装饰化。

（三）透视化组织

　　透视化组织即将景物按照透视规律进行安排，近大远小，有焦点中心，画面呈一定的立体感、空间感。这种组织形式在服装上应用较少。

　　由于风景图案常常是由多个物象相互关联并伴有一定的空间组成的，有着明确的方向性，所以，在服装上多出现在前襟、下摆、后背这些面积较大且较稳定的装饰部位（图4-2-9）。

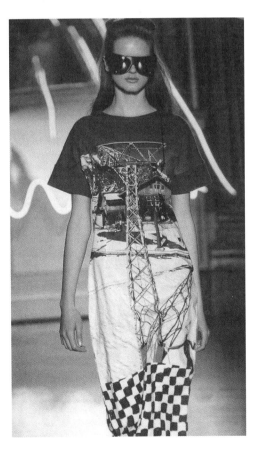

图4-2-9　服饰上整体装饰的风景图案
（TSUMORI CHISATO）

四、人物图案

人物图案在服装上经常见到，基本可分为两大类：一类是以各种变形手法塑造的人物形象；一类是照片效果的各种电影剧照、明星肖像和绘画人物等。后者属利用性设计，不需设计师进行形象塑造，所以这里从略（图4-2-10）。

服饰图案中人物造型的手法十分多样，简化、夸张、添加、组合、变异、分解重构等无所不有。如有的将人物简化到单纯的剪影或几根线条；有的繁复到不仅在人物本身而且连服装佩饰都大做文章，以求丰富华丽；有的竭力夸张变形，追求趣味；更有将嘴唇、眼睛、手印、足印随意排布在服装上，效果怪异荒诞（图4-2-11）。

图4-2-10　写实的人物图案（JEAN–CHARLES DE CASTELBAJAC）

图4-2-11　抽象的人物图案（JEAN–CHARLES DE CASTELBAJAC）

在服饰上，装饰人物图案大抵是从人的形象（比例、结构）、动态、服饰装扮等几个方面入手或以某一方面为侧重点的。

（一）形象

人的形象丰富多样，有性别差异、年龄差异、人种差异、相貌差异及体型差异等。

这些差异为塑造人物图案形象的外在结构提供了生动丰富的依据。如女人丰腴的体态、男人健壮的骨骼肌肉，欧洲人高鼻凹眼、非洲人厚唇短鼻，等等。另外，人的肢体结构及比例关系也是造型中极为重要的部分，若将人体特别是腿部作拉长处理，会有修长、潇洒、飘逸之感；若将人体压缩并夸张头部，则会有粗壮、敦实、稚拙甚至滑稽之感。在塑造人物图案形象时，还应该注意：虽然人的脸经常是重要的装饰素材，但在图案中，一般不深入地表现人物丰富的表情、复杂的心理活动，而是紧紧围绕人的五官特征、轮廓结构进行刻画（图4-2-12）。

（二）动态

动态在人物造型中不可缺少，人物图案形象的生动性、趣味性和内涵性都是通过动态来表现的。人的各种动作和姿态是丰富图案造型的极好依据，而且对于不以刻画人物面部表情为重点的图案来讲，人物的动态起着"传神"的作用。但对动态的选择、表现须十分讲究，应注意典型性和优美感，更应注意与服装的装饰部位及整体风格的适应与谐调。

图4-2-12　服饰上的人物图案
（MANISH ARORA）

（三）服饰装扮

在塑造人物图案形象时，对衣着装扮的表现也是重要的因素。从图案造型的角度讲，人物形象的衣着装扮并非要表明其身份地位、宗教信仰、民族归属等，更多的是从形式感出发。人物服装的式样、纹样、佩饰和皱褶，发式造型，特别是一些民族服装、戏剧服装及脸谱等本身就是极好的装饰因素，处理得当，会使图案形象更加丰满，更有特色和情趣。

人物图案在服装上的装饰部位较为灵活，组织形式也较多样，如单独式、组合式、连续式等（图4-2-13）。

五、人造器物图案

在具象形服饰图案中，人造器物也可算为一类。其中主要包括交通工具（如车、船、飞机等）、日常用具（如瓶罐、餐具、文具等）、专业器具（如各种球类、体育器材、乐器、武器等）等，范围相当广泛。

人造器物是出于实用需要和审美需要被创造出来的，其本身就具有明确的针对性和强烈的装饰性，所以当它以服饰图案的形式出现时，便体现出一种适用范围相对狭窄和形象高度程式化的特点。故此，以人造器物为素材的服饰图案大多装饰在休闲装和户外活动的服装上，其形象常与服装和着装者有着直接或内在的关联。如以网球拍作为装饰图案的服装显然带有运动装的意味，而且反映出穿着者是喜欢运动的。这类图案即使以很写实的手法来表现，其造型也是极具装饰感的，如汽车、足球、吉他之类。

人造器物图案在服装上除单独出现外，还常以组合的形式出现，如同类组合，与文字图案、抽象图案、人物图案等组合，有时还具有标志性特点（图4-2-14）。

图4-2-13　童装上的人物图案（引自《儿童服饰》，2012.4，日本）　　图4-2-14　运动衫上的人造器物图案（引自《运动与休闲时装》，2012.13）

第三节　抽象图案

抽象图案是相对于具象图案而言的，其特点是不直接模拟客观事物的形态，而以点、线、面、形、肌理、色彩等元素按照形式美的一般法则组成图案。抽象图案在服饰中应用甚广，可以说在各种能够装饰图案的服装中都能见到，而且表现形式十分多样，如几何形图案、随意形图案、幻变图案、文字图案、肌理图案及无序综合图案等。

一、几何形图案

以几何形为装饰形象的服饰图案历史非常久远，而且每个时代、每个民族都赋予它不同的特点和风貌。当代几何形服饰图案的特点主要在于强调其自身的视觉冲击力。它单纯、简洁、明了的特点及严格的规律性，很符合现代人的价值取向和审美趣味（图4-3-1）。

几何形服饰图案一般有三种表现形式：

（1）利用面料原有的几何形图案转化为服饰图案，即常见的用"格子布"、"条纹布"或"几何花布"做衣服。这些几何形图案通常是"满花"装饰（也有局部利用的），图案在服装上多呈均匀分布，整体感强（图4-3-2）。

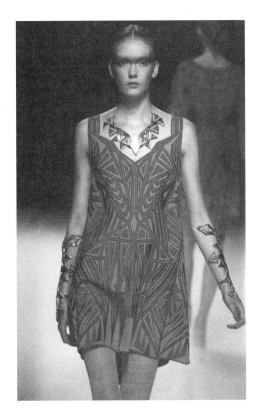 

图4-3-1　几何形图案（SOMARTA）　　　图4-3-2　几何形图案（BURBERRY PRORSUM）

（2）以不同色彩或不同材质的面料在服装上做各种几何形块面的拼接，形成块面感强且较为简洁的几何装饰。其特点是单纯、明快，多用于运动装、休闲装或表演类服装（图4-3-3）。

（3）以几何形象在服装上作局部装饰。这里的几何形有单独式的，也有二方连续的。前者为简洁、醒目，后者则变化丰富且应用较广。

由于制作工艺的特点，几何形图案在针织、编织、勾挑、刺绣类服装中运用尤为普

（a）RICCARDO TISCI　　　　　（b）小丑风格拼布服装（Barnhard willhelm）

图4-3-3　不同色彩或不同材质面料拼接的几何形图案

遍，而且时常伴有"半几何图案"，即以几何手法塑造的人物、动物、花卉等图案形象
（图4-3-4、图4-3-5）。

图4-3-4　工艺制作限定下的几何形图　　　图4-3-5　工艺制作限定下的"半几何图案"（麻柳挑
　　　　　案（针织男装）　　　　　　　　　　　　　　绣纹兜肚，四川广元，《中国民间美术》）

二、随意形图案

随意形服饰图案是一种非常自由的抽象类图案。其特点是，不仅图案形象本身似信手所得，而且在服装上的装饰部位也无任何章法和规律。它常常以随意的色彩、放任的线条、不和谐的分割、歪歪扭扭的形状，似乎漫不经心地"胡乱"装饰在服装上，体现出一种轻松、奇异、洒脱、别出心裁的意味。

随意形服饰图案主要反映了人们不愿意受约束、满足情感宣泄、自我表现的心理诉求。当然，也有一定的社会思潮及现代艺术流派所极力宣扬的反传统、反主题、反具象等艺术主张的影响。

随意形服饰图案的装饰对象和适用场合比较有限，一般多装饰于年轻人的便装、休闲装，穿着于自由轻松的场合，也常见于表现创意的展示性服装（图4-3-6）。

图4-3-6　随意形图案（EMPORIO ARMANI）

三、幻变图案

这里所说的"幻变图案"是指设计师为在服装上取得某种视错或视幻效果而采用的一种抽象图案形式。这类图案形象的塑造主要根据平面构成中"渐变"、"发射"、"特异"、"重复"、"分割"等原理，将形象元素按照一定的几何形骨格进行排列，结合服装的结构转折及人体起伏、运动的特点形成凹下、隆起、错位、闪烁、流动等视觉效果（图4-3-7）。

幻变图案的最大特点在于它能够在视觉效果上强调、夸张或改变服装乃至人体的部位特点或总体特征，给人以强烈的视觉冲击和独特的视觉心理感受。如果说随意形图案主要体现了自由、洒脱、奔放的"热抽象"特点的话，那么，幻变图案则是以秩序、严谨、虚幻的"冷抽象"风格取胜的（图4-3-8）。

四、文字图案

在当今服装装饰中，文字图案的使用大概是最普遍的，无论是鞋帽、外套、衬衫、裤子，还是运动衣、休闲装、表演服，或是背包、首饰乃至纽扣，到处都能见到文字装饰。以文字形象作为服饰图案古已有之，但运用得如此普遍、如此多变，在服饰中占有如此重要的位置则是当今所独见的（图4-3-9）。

与其他图案形象相比，文字图案有三大特点：

1. **有丰富的表现性和极大的灵活性**　无论哪种文字，都有许多种字形、字体，选择余地很大。文字既可以单独使用，也可以成词、成句、成文使用；可以明确表意、传达信息，也可以仅仅作为装饰形象（图4-3-10）。

图4-3-7　幻变图案（ZAC POSEN）

图4-3-8　幻变图案（引自*BOOK*，2011）

图4-3-9　文字图案（婚纱，《新娘》，2012.3，美国）

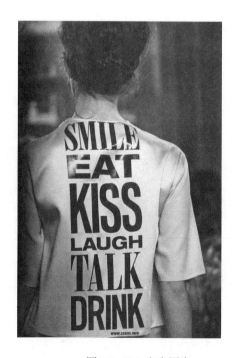

图4-3-10　文字图案

2. **具有较强的适应性**　文字很容易与其他装饰形象（如花卉、动物、建筑等）相结合，而且装饰对象方面范围也很广，运动装、休闲装、便装、职业装、表演装都能适用，男女老少皆宜。

3. **具有鲜明的文化指征性**　无论怎样强调文字的形式感、装饰性，任何一种文字都明确指征着它所属的民族、国家或地域，它所涵盖的意义和引起的联想远远超出了其自身的内容和形式（图4-3-11）。

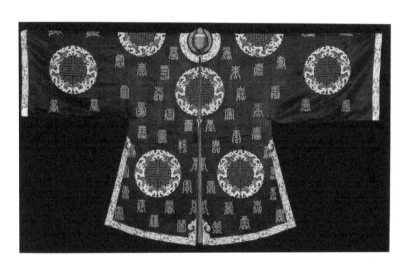

图4-3-11　文字图案（清代百寿衣，《中国织绣全集4》）

文字形象的塑造主要是字体的设计和文字间的排列组合。显然，服装上的文字形象不能仅限于那些常规的、公认的"优秀字体"，而应该结合服装的不同特点进行灵活的改造设计。当今服装上的文字装饰多为追求自由、奔放、随意甚至笨拙、怪异的风格，而极力表现出夸张、稚拙、变异或古旧、异域的特点，显露淳朴、自然、个性化的倾向。此外，文字与文字的组合排列，大小、间隔、比例等方面的处理也非常自由灵活，极力寻求标新立异，形式多样。由于计算机技术在设计中的广泛应用，使设计师能够十分方便地调整、改变各种文字的造型及排列组合。所以，当今服饰中文字图案的大量使用、花样不断翻新，与计算机设计的发展也有着密切的关系（图4-3-12）。

五、肌理图案

服饰图案中的"肌理图案"是指通过对面料的再

图4-3-12　文字图案（引自《儿童时
装集锦》，2012春—夏）

加工处理，创造出一种新的富有视觉、触觉质感化的装饰形式。当今而言，服饰图案中那种仅限于纹样、色彩、平面、立体上的装饰变换，已远远不能满足消费者的需求，人们需要在面料的肌理质感上大做文章，以求新异（图4-3-13）。

图4-3-13　肌理图案（ISSEY MIYAKE）

于是，传统技法中的一些装饰形式被发扬光大，而且在不断增加、创新的基础上形成了颇有新意的"肌理图案"。肌理图案的种类很多，总括起来大略有以下四种。

（一）表面改造

在面料的表面作各种处理，以达到特殊的装饰效果。诸如各种折叠装饰、整体或局部的加皱处理、局部做旧、局部烫压、染后加皱再染、印纹加皱后再印纹样等。值得一提的是，后两种装饰方法非常别致，它利用服装随人体运动的特点，使面料的皱褶不断地拉平又皱起，从而使面料表层的色彩或纹样不断聚拢又隔开，底层色彩或纹样时隐时现，呈现出变幻不定、层次更迭的特殊效果（图4-3-14）。

（a）褶皱

（b）染后加皱再染

图4-3-14　肌理图案——表面改造

（二）内部改造

通过部分地改变面料编织程序，或破坏面料原有的经纬结构而造成一种新的装饰效果。如常见的在局部抽掉经线或纬线；将经线或纬线局部抽紧；部分更换经线或纬线；局部减少或增加经纬线密度；在抽掉纬线的边缘处作"拉毛"处理等，这是当今青年牛仔装常有的一种装饰处理（图4-3-15）。

（a）织出的肌理图案　　　　　　　　（b）断经纬、拉毛的装饰处理

图4-3-15　肌理图案——内部改造

（三）拼合缝缀

将相同或不同的材料以各种形状的小块片或条片拼合（或编绕后缝缀）在一起，使材料之间形成拼、缝、叠、衬、透、罩等关系，创造出各种层次对比、质感对比以及缝线凹凸的肌理效果。这种图案往往还由于小块片的色彩不同、纹样和质感各异而呈现出五彩斑斓的面貌（图4-3-16）。

（四）与其他材料结合

将金属饰片、木、竹、塑料、陶瓷小块、植物的果实、皮革条、羽毛、绳线、贝壳、珠子或其他纤维材料等直接作为服装的装饰，强调不同肌理质感之间的对比。肌理图案的

（a）引自BOOK（2011）　　　　　　　　　　（b）苗族服装上的堆绣

图4-3-16　肌理图案——拼合缝缀

一个重要特点是以"材质"的表现创造美感。它虽也讲究形、色，但更注重的是肌理质感所形成的独特效果和观赏价值。由于肌理图案的表现形式千变万化，所以其适应对象非常广泛，各种服装都可运用（图4-3-17）。

（a）楚瓦什人服饰局部（俄罗斯民俗艺术展）　　　　　　（b）引自BOOK（2011）

图4-3-17　与其他材料结合

六、无序综合图案

严格地说，无序综合图案既不属于抽象图案，也不属于具象图案，而是一种"综合"的形式。其突出的特点是图案形象复杂多样，无所不有，并往往以无主次、无倾向、无中心、无秩序的面貌出现。远看五彩斑斓，近看什么都有（如汽车、建筑、人物、文字、几何形、随意的线条、古典的花纹等），但是却什么都不完整，什么都不占主体。在装饰布局上，这种无序综合图案也往往不拘一格，有像"报纸剪贴"似的满花装饰，也有十分唐突的局部装饰，更有既不对称又不平衡的随意装饰。

无序综合服饰图案有形象，但不以形象为中心。其组织结构无规律章法，色彩无论是绚丽跳跃、还是朦胧混沌，都给人以十分繁杂的感觉。它表现出现代人随意自由、无所不容的审美心理（图4-3-18）。

从另一个角度讲，无序综合服饰图案的

图4-3-18　无序综合图案（BASSO&BROOKE）

出现，与计算机设计的普遍应用和广泛参与不无关系。**计算机设计的优势在于极易将大量信息、形象进行汇集、筛选、组合、重构、叠加、拆散、转换等。而这种优越性、便利性，直接导致了新的设计风格的形成，也促进了新的审美趣味的产生。因此，各种拼贴式的"混搭"设计形式应运而生，并为广大群众所认可和欢迎。无序综合服饰图案也是其中的一种常见表现形式。**

第四节　服饰图案色彩

就服饰图案设计而言，了解和掌握相应的色彩规律以及表现方式，是十分重要的。色彩是服饰图案形象不可缺少的组成部分，也是影响服饰整体色调以至整个视觉效果的最活跃因素。

由于服饰图案相对服装主体的从属性，其色彩处理从一开始就受到既定服装设计意向或具体形式的限制，只能顺应某个设计目标和形式框架加以展开。这意味着作为装饰对象的服装主体形式一旦确定，服饰图案的色彩处理就必须以服装的色彩为主弦和基调，在保持对应关系的前提下，最终确定自己的具体面貌。

一、服饰图案与服装的色彩关系

服饰图案与服装的色彩关系大体可以归结为融合、烘托、彰显三种。

（一）融合

所谓融合，即指服饰图案色彩与服装色彩之间保持统一以至同一的关系。在很大程度上，融合意味着服饰图案的色彩就是服装的色彩，或者说服装的色彩就是服饰图案的色彩，所谓"满花装饰"或"通体装饰"多属此类。在这种色彩关系中，服饰图案往往由面料图案转化而来。设计师通常根据一定的设计意图选择合适的面料图案，或根据现成的面料图案考虑服装的装饰。因此，主导或全盘构成服装色调的是面料图案色彩也即服饰图案的色彩（图4-4-1）。

图4-4-1　融合（和服表演，东京）

（二）烘托

所谓烘托，即指相对由面料所决定的服装色彩基调而言，服饰图案本身的色彩处于从属地位。图案与服装的色彩之间，无论是调和的还是对比的关系，图案色彩只起陪衬、烘托的作用。这种情况下，服饰图案色彩的处理所要考虑的是如何强调、突出服装原有的色彩基调，因此需要精心设计和安排。一般说来，局部装饰、边缘装饰形式的色彩处理多侧重烘托，以使服装面料的色彩基调显得更加鲜明，同时又不失服装整体色彩效果的丰富感（图4-4-2）。

图4-4-2　烘托（蓝缎三蓝绣云肩，19世纪晚期，山西，北京服装学院民族服饰博物馆藏品）

（三）彰显

所谓彰显，即指服饰图案通过强调对比关系的色彩处理，从服装面料的色彩基调上跳跃、凸显出来。在这种情况中，服饰图案往往具有相对独立的价值，服装反而在很大程度上起着载体的作用。在一些具有特征意义和特殊功能的服装上，在一些展示性服装以及时尚的文化衫上，服饰图案色彩所要承担的使命就是彰显"自我"，以其强烈、明显、亮丽的视觉形式先声夺人，让人形成"图案第一、服装第二"的感官印象（图4-4-3）。

图4-4-3　彰显（塔吉克童装，20世纪初）

　　显然，在进行服饰图案的色彩设计时，首先要弄清它与服装的关系，认准它应处的位置，是十分必要的。只有这样，才能做到有的放矢，把色彩学的一般原理转化为极具针对性的服饰图案色彩处理。

二、服饰图案色彩设计的相关因素

　　服饰图案最终要通过人的穿着行为来实现它的价值意义。因此，服饰图案的色彩设计所要考虑的不仅是它和服装色彩基调的关系，也不仅是一般色彩原理的运用，还必须考虑与之相关的诸多物质的或人文的因素。

（一）服饰图案色彩与服装面料

　　在现实生活中，服装采用的面料千差万别。出于不同原材料和加工工艺的面料，其物理性质和组织结构自然各有所异，所呈现的肌理效果和色彩感觉也各不相同。面料的这些差异，对于直接依附其上的图案色彩势必构成至关重要的影响。而恰当的色彩处理，既可以更好地表现出面料特有的质地美、肌理美，又可以削弱或掩饰它不利的一面。

　　一般而言，质地光滑、组织细密、折光性较强的面料，其色彩会显得明度较高、纯度较强，有艳丽鲜亮之感；而质地粗糙、组织疏松、折光性较弱或不折光的面料，其色彩则相对沉稳，明度、纯度接近本色或偏低，有纯厚凝重之感。例如，同一组红绿对比色，用在绸缎上会显得鲜艳、华丽、灿烂耀眼；用在棉布、毛料上则显得浓郁、质朴、沉稳厚重。所以，同样的色彩及色彩关系，在不同的材料上会产生相去甚远的色彩效果。设计时，应对这一点给予足够的重视（图4-4-4）。

（二）服饰图案色彩与服装的功能类型

　　服饰图案色彩具有审美与实用的双重属性。从审美意义上讲，它可以装饰美化服装，给人带来视觉美感；从实用意义上讲，它往往能够明示、体现以至加强服装的类型特点和功能属性。例如，运动装图案的色彩处理一般多强调对比关系，尽量追求跳跃、绚丽、鲜艳的色彩效果，以突出运动员的身份及竞技比赛环境的类型特点；工作服图案的色彩处理多倾向于单纯、明朗、庄重，这和人们处于工作状态的特殊要求是吻合的。从大量的常规设计上不难看出，服装的类型功能是其图案色彩处理不可忽视的因素，彼此间的适应谐调，可以赋予图案色彩以生活意义和生命感，更有助于人们增强对服装类型功能的认同感和信任感（图4-4-5）。

图4-4-4　图案色彩与服装面料

（三）服饰图案色彩与着装者

服饰图案色彩的设计要想达到最佳效果，除了要把握好上述关系外，还要考虑着装者的因素。人在生理和心理方面，都存在着各自特点的差别。针对这些差别所进行的设计，同样涉及服饰图案的色彩处理。首先，在生理上，人的年龄、性别及体态特征各不相同，设计者应加以仔细研究，并根据其特点在色彩设计上作出具体的处理，以满足、适应不同对象的要求。其次，从心理上看，由于生活方式、社会地位、职业身份、文化素养和性格气质等因素的不同，人们对服饰图案色彩的兴趣爱好、品评态度也不尽相同。文化素养相近的人，对图案色彩的选择大体比较接近。性格内向、细腻者多倾向于柔和素雅的色彩；性格外向、爽朗者则会偏爱明快对比的色彩。现实生活中的人是有个性的、差别多样的，人对色彩的心理感觉更是复杂微妙，它会因时因地呈现无穷的变化。一时的时尚追求，也许会使彼此差异极大的人作出趋同的选择；而自我表现的一时兴致，不免会让一个群体变得异彩纷呈。设计师固然无法顺应每个着装者的心理变化，但多加观察，深入分析，尽量掌握一些规律性的东西是可能而且必要的（图4-4-6）。

图4-4-5　图案色彩与服装的功能类型（白领服饰，《时尚》，2012.6）

（四）服饰图案色彩与社会环境

在一定社会环境中，人们的审美需要和色彩倾向具有一定的趋同性。这种趋同性，从客观上讲是政治、经济、文化、消费观念、流行时尚的反映，从主观上讲是人们努力适应社会环境、顺应时代潮流的体现。要在服饰图案的色彩上作出符合大众审美习惯和流行时尚的选择，就应善于在一定的社会环境中掌握各种相关信息，并以此作为色彩设计的参考与依据。

图4-4-6　图案色彩与着装者（引自《儿童时装集锦》，2012春—夏）

图4-4-7 模拟处理（引自《时尚芭莎》，2012.6）

三、服饰图案色彩处理

这里所说的"色彩处理"，即为表达一定的设计意图而进行的色彩选择和色彩搭配。服饰图案的色彩既是现实的，又是理想的；既是夸张浪漫的，又是贴切实用的。因此，它的色彩处理方式具有多样性。

（一）模拟处理

模拟处理指服饰图案的色彩出自对现实原型"固有色"及其色彩关系的直接模仿。譬如以菊花为题材，就按花的黄色、叶的绿色如实为图案赋色；以热带鱼为装饰主题，则将其形与色如实地运用到服饰图案中。再有，将一些绘画或艺术品的形象作为服装装饰，其色彩也基本不变地直接用于服装，如蒙德里安的绘画、希腊陶瓶、京剧脸谱等。服饰图案色彩的模拟处理，使得图案形象十分接近原型，容易引起观者的共识，让人感到真实、熟悉、亲切。由于现代工艺技术的飞速发展，许多"仿真"、"复制"的装饰在服装上很容易实现，这为服饰图案色彩的"模拟处理"提供了极大方便（图4-4-7）。

（二）传移处理

传移处理指服饰图案的色彩源于对某种现成的色彩关系的利用，而不以原型的形象为造型依据。之所以要略去其形象因素，仅仅传移原型的色彩关系，是为了使服饰图案在色彩上既能够更自由地表达设计者的设计意图，又能够更充分地适合服装本身的形式格局和色彩基调。在一定意义上，传移处理是一种"抽象性"的模拟，它所具有的与原型若即若离的联系，使服饰图案色彩富有暗示性和源自生活自然的诗般意蕴，以至令人产生兴味无穷的审美联想和不落形迹的回归自然的亲切感。这种色彩处理方式在服装设计作品中常能见到（图4-4-8）。

传移处理一般有理性传移和感性传移两种方式：

图4-4-8　传移处理（自然色彩传移至服饰图案，KENZO）

1. 理性传移　即经过精确的分析和计算，对原型的色彩关系包括基本色及各色所占的面积的比例，加以归纳总结，排列出色相比例表，然后依据比例表将相应的色彩用于服饰图案上。这种处理方式，可以比较准确地传达原型色彩的基本面貌和内在关系，如以蝴蝶色谱、彩石色谱或敦煌壁画色谱为依据的服饰图案配色处理即属此类。再如，针对各种作战环境而设计的不同色彩和色彩比例的迷彩服配色，可谓理性传移的极好例子。

2. 感性传移　即凭直观感受对原型的色彩关系加以概括和归纳，形成明确的色彩配比印象，然后依据这种印象对服饰图案作相应的色彩处理。与理性传移相比，这种处理方式带有更强的主观性，图案色彩面貌往往因个人色彩感的差异而不尽相同。如彩陶色彩印象、漆器色彩印象、某幅风景图片的色彩印象等，设计师是根据一种总的直观感觉而进行色彩表现的。

（三）主观处理

主观处理指服饰图案色彩的处理完全根据服饰的特点，在对可能影响服饰图案色彩效果的有关因素作出综合考虑的前提下，充分发挥设计者的主观创意，自由调遣色彩形式的表现力，以达到理想化的图案色彩设计效果。我们平常所接触的服饰图案，大多是以主观方式处理色彩的。它不受现实事物色彩关系的限制，灵活多变，适应性极强（图4-4-9）。

图4-4-9　主观处理（民间补花背心，现代，湖北）

第五节　服饰图案的工艺表现

　　服饰图案的工艺表现是指通过实际的工艺操作，在衣物上将图案表现出来的方式。在服饰图案设计中，工艺表现也是一个重要环节。设计师在设计的开始，在考虑造型的塑造、色的选择、材质的确定时，便要考虑到工艺表现方式。一定的工艺表现方式，直接关系到图案风格特点的形成与表达。

　　服饰图案的工艺表现要与装饰所用的材料、工艺手段结合起来综合考虑，技巧性很强，形式也十分丰富。了解和掌握各种工艺表现的特点与规律，有助于开拓设计者的设计思维，更好地驾驭装饰方法，从而加强服饰图案的艺术表现力和感染力。这里以服饰图案工艺表现的不同形式类型分别加以阐述。

一、平面式

　　平面式是指没有厚度的服饰图案。设计师通过印、染、绘等工艺手段，使图案呈现于服装材料表面，或使图案色彩直接渗融于服装材料中。其制作方法很多，实际应用十分广泛。

（一）直接印花

　　服饰图案中最常见的装饰表现方法是"印花装饰"。直接印花，指运用滚筒、圆网和平网等设备，将色浆或涂料直接印在面料上的一种图案制作方式。其表现力很强，在服饰中应用极为普遍。其中，滚筒、圆网彩印适合表现色彩丰富、纹样细致、层次多变、循环规律的图案；平网印花适合表现纹样整块、色彩套数较少、用于局部装饰的图案（图4-5-1）。

（a）IMELD BRONZIERI

（b）彩印花布（现代，山东）

图4-5-1 直接印花

另外，还有一种传统装饰常用的模印法（也叫拓印、戳印）也应归于"直接印花"一类。这种方法是用刻好纹样的木模蘸上色浆，直接将图案一块一块地印在面料或衣料上，其特点是操作灵活方便，色彩单纯，图案清晰。

（二）转移印花

转移印花是先将染料纹样印制在转移纸上，再将其放置于服装所需装饰的部位，使用熨斗压烫，在高温和压力的作用下，使印花图案转印到服装上。另外，还有许多新的工艺，如将珠饰、亮片、水钻、发泡等特殊装饰材料通过一定的工艺手段转移压印在服装上，形成亮丽、华贵、多变的装饰，当然这类转移工艺具有凹凸特点，已超出了"平面"的范畴。转移印花操作简便、灵活，适合做服装的局部装饰。

（三）防染显花

防染显花是在染色的过程中，通过防染手段制作图案的一种方式，常见的有浆染、蜡染、扎染和夹染。这些装饰方法在我国有着悠久的历史，在传统服装上十分常见，至今仍散发着无穷的魅力。

1. **浆染** 俗称"蓝印花布"的浆染制作，是先用豆面和石灰粉制成防染浆通过雕

图4-5-2 浆染（蓝印花布童坎肩，现代，福建）

花版的漏孔，刮印在土布上粘牢，起遮挡作用；然后浸入染液；最后除去防染浆形成花纹。由于雕版和工艺制作的限制，蓝印花布的图案形象多以点来表现，这也形成了它独有的特色。浆染的染料通常是蓝靛，做出的花布有蓝底白花和白底蓝花两种。蓝印花布在我国早已有之，且分布广泛，古称"灰缬"、"药斑布"（图4-5-2）。

2. **蜡染** 古称"蜡缬"。其制作是将熔化的石蜡或蜂蜡作为防染剂绘图案于布料上，冷却后浸入冷染液浸泡，染好后再以沸水将蜡脱去。除蜡后未被染色的部分显现出布本色，从而形成图案形象。由于涂绘蜡液通常使用特制的蜡刀或毛笔，所以蜡染图案既可以严谨精细，也可以粗犷奔放。蜡冷却后碰折会形成裂纹，染液渗透后这些自然、美丽的裂纹便清晰地显现出来，成为蜡染独具韵味的一种装饰。蜡染常为蓝白两色，也有多次封蜡、多次染色的彩色蜡染（图4-5-3）。

图4-5-3 蜡染（苗族服饰局部，现代）

3. 扎 染　古称"绞缬"，民间也称"撮缬"、"撮花"。它是通过针缝或捆扎织物来防染显花的。先将按设计意图缝制、捆扎好的织物投入染液浸染，然后取出晾干，拆掉绳线，即可显现出图案花纹。由于染液的渗透性和缝制、捆扎的松紧密度不一致，使得扎染图案虚幻朦胧，变化多端，故其天成的效果不可复制。扎染图案的最大特点在于水色的推晕，所以，设计时应着意体现出捆扎纹理的自然意趣和水色迷蒙的艺术效果（图4-5-4）。

图4-5-4　扎染（现代服饰）

4.夹染 古称"夹缬"，是将织物折叠通过板子的夹紧、固定起到防染作用。夹染用的板可分为三种：凸雕板、镂空花板和平板。前两者是以数块板两两相合将布料层层夹紧，浸入染液，靠板上的未雕刻处遮挡染液而呈现纹样；后者是以布料的各种折叠和板本身的形状通过两板紧夹，再进行局部或整体染色来显现花纹。以凸雕板、镂空花板做的夹染图案较为严谨、清晰，以平板做的夹染图案较为抽象、朦胧，有些近似扎染效果。

（四）拔染显花

拔染显花实际上是利用褪色原理显花。在染好的布料上涂绘拔染剂，涂绘之处的染色就会褪掉，显出布料本色而形成花纹。拔染印花较易控制掌握，故纹样组织可以处理得比较精细，甚至可以拔完后再进行点染，以求丰富。拔染显花多用于高档服装及头巾、领带等面料。

（五）手绘

手绘即图案设计者用毛笔和染料直接在服装上徒手绘制图案。手绘的特点是具有极大的灵活性、随意性，可以鲜明地反映作者个人的意趣、风格，绘画味很浓。由于手绘图案属个体操作，不比大量复制产品，故仅用于单件、小批量装饰，手绘服装的成本价格也因此而较高（图4-5-5）。

二、凹凸式

凹凸式是指有一定厚度的服饰图案，它附着于服装面料的表面，或在制作、织造的过程中使服装面料呈现出厚薄不一、凹凸不平的效果。凹凸式服饰图案的工艺制作主要有以下几种。

（一）刺绣、抽纱

刺绣、抽纱是一种历史悠久、应用广泛、表现力很强的装饰手段，常见的有平绣、网绣、刁绣、影绣、珠绣、盘绣、挑花等手绣工艺及现代的机绣、电脑绣花等。刺绣图案的形象精巧秀丽、色彩华美、形式多样，可使服装具有高贵典雅、雍容富丽的装饰效果（图4-5-6、图4-5-7）。

图4-5-5 手绘（女袄袖部装饰，19世纪晚期，河北，北京服装学院民族服饰博物馆藏品）

（二）补花、贴花

补花、贴花这两种装饰手段都是将一定面积的材料剪成图案形象，附着在衣物上。补花是通过缝缀来固定，贴花则是以特殊的黏合剂粘贴固定。补花、贴花适合于表现面积稍大、形象较为整体、简洁的图案，而且尽量在用料的色彩、质感肌理、装饰纹样上，与衣物形成对比，在其边缘还可作切齐或拉毛处理。另外，补花还可在针脚的变换、线的颜色和粗细选择上做文章，以增强其装饰感（图4-5-8、图4-5-9）。

图4-5-6　抽纱（服饰局部）

（a）侗族背扇局部（现代，广西）

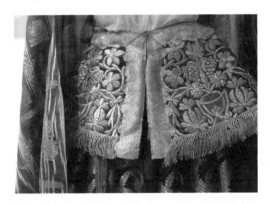

（b）俄罗斯服饰局部（19世纪中期，俄罗斯民俗艺术展）

图4-5-7　刺绣

图4-5-8　补花、贴花（苗族服饰局部，北京服装学院民族服饰博物馆藏品）

图4-5-9　贴补装饰（JOHN RICHMOND）

图4-5-10 编织（服饰局部）

（三）编织、钩挑

服装除了用面料剪裁缝制外，还可以通过编织、钩挑等方法来制作。在编织、钩挑的过程中，通过变换各种色线、各种针法，能够表现出千百种花纹图案。这些图案规律、严谨，且具厚薄、凹凸、疏密、镂空等丰富变化，是服饰图案工艺表现的重要组成部分（图4-5-10～图4-5-12）。

（四）编结、盘绕

编结、盘绕是以绳带为材料，编结成花结钉缝在衣物上，或将绳带直接在衣物上盘绕出花型进行固定。这种工艺手法制作的装饰形象略微凸起，具有类似浮雕的效果，在传统服装中应用较

图4-5-11 挑花（礼服装饰局部）

图4-5-12 织花（侗族织锦）

多。编结、盘绕工艺难度较大，要做得平整、流畅需要相当的技巧（图4-5-13～图4-5-15）。

（五）拼接

拼接是利用各种碎片材料拼接成规律或不规律的图案并做成服装的一种工艺。拼接的材料可以是同一种材料，也可以是不同色彩、不同图案、不同肌理的多种材料，拼接绗缝的针法也很多，有平针、缭针、倒三针等。拼接工艺制作的服装在民间很常见，最典型的如"百衲衣"（图4-5-16）。

（六）皱褶

皱褶是将服装面料折叠或加皱后予以固定（一般采用缝制或高温加压的办

图4-5-13 编结、盘带（黑缎一字襟女背心开衩部位装饰，传世，北京服装学院民族服饰 博物馆藏品）

图4-5-14 盘带装饰（贵族服饰局部，18世纪中期，奥地利）

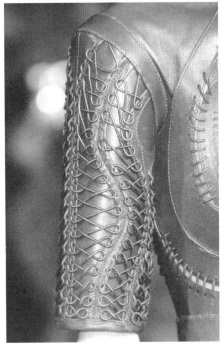

图4-5-15 盘线装饰（IRIS VAN ERPEN，2012年，意大利）

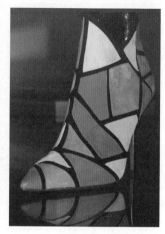

（a）中国传统服饰——拼接图案

（b）拼接图案的靴子
（APRIL-OCTOBER）

图4-5-16　拼接

法），形成规则或不规则的褶裥、皱纹，从而起到装饰的作用。在特别注重服装肌理效果的今天，各类皱褶装饰的运用十分普遍（图4-5-17）。

（a）礼服装饰局部

（b）新井淳一的布（现代，日本）

（c）皱褶肌理装饰

图4-5-17　皱褶

（七）镂刻

以厚实柔韧的皮革等为服装面料，在其上切割、雕刻出花纹，镂空之处有一种精致、通透之美。欧洲古典服饰的"斯拉休"装饰亦属此类（图4-5-18）。

图4-5-18 镂刻（镂花皮衣，VERSACE，2012年，意大利）

三、立体式

（一）缀挂

缀挂是将装饰形象的一部分固定在服装上，另一部分呈悬垂或凌空状态，如常见的缨穗、流苏、飘带、花结、珠串、银缀饰、金属环、木珠、装饰袋、挂饰等。这类装饰的动感、空间感很强，它会随穿着者的运动而产生丰富的动态变化，呈现出飘逸、摆荡、灵动的审美效果（图4-5-19）。

（a）彝族银佩饰　　　　　　　　　　　（b）缀挂装饰

图4-5-19　缀挂

（二）立体花

立体花是装饰形象以立体形式出现于服装上，如常见的立体花饰、蝴蝶结等。这种装饰以其分量感、层次感、质感取得醒目、突出、厚重的装饰效果。与这种装饰属同类的，还有在服装面料上作各种起伏处理而产生的立体装饰效果、一些结构式的装饰等（图4-5-20）。

（a）礼服装饰局部

（b）婚纱（《新娘》，2012.3，美国）

图4-5-20　立体花

第五章　服饰图案的构成

　　服饰图案的构成是一种复杂的、多层次的组织形式，它包括图案自身的构成，也包括图案在服装上的构成（即服饰图案的装饰布局）。这里我们以服装为基点，按不同的装饰布局类型对服饰图案的构成进行研究。

　　服饰图案的构成大致有四种类型：一是局部的或小范围的块面装饰，我们称之为"点状构成"；二是边缘的或局部的细长形构成，我们称之为"线状构成"；三是布满服装整体的"满花装饰"，我们称之为"面状构成"；四是将上述类型综合应用的"综合构成"。

第一节　点状构成

一、点状构成的特点

　　点状构成是以局部块面的图案呈现于服饰上的。这种"局部块面"有大有小，或单个或数个，但相对于服装装饰布局上的"线"、"面"而言，它所呈现的是"点"的状貌。点状构成自然具备"点"所具有的集中、醒目、活泼等一系列特征，这些特征会使图案成为服装上的视觉中心。所以，点状构成无论表现的内容是什么，形式是什么，装饰于何部位，它都容易成为吸引视线的重点，都能使服装增强活泼感，使某一局部突出、醒目（图5-1-1）。

　　在服装上，点状构成的装饰形象大多属于"单独式图案"一列，具有相对的独立性和完整性。单独式图案包括"自由图案"和"适合图案"。点状构成的装饰形象可以是纯粹的装饰图案，也可以是服装的附件或某种配饰，如蝴蝶结、胸花、口袋、扣子、开衩点等。

　　在所有构成类型中，点状构成最灵活，在服装上的装饰部位最多，也是常需要设计师亲自动手设计的。因而，在装饰应用中它是一个常项，在学习与训练中它是一个重点。

二、点状构成的形式

　　点状构成在服饰中的形式十分灵活多样，有单一式构成、重复式构成、演绎式构成和多元式构成。

图5-1-1 容易形成视觉中心的"点状构成"（高引玥作）

（一）单一式构成

单一式构成指服饰上只有一处有图案形象。这种构成形式可谓**"焦点式"**构成，因为无论这个图案装饰在哪个部位，都会成为视觉中心，其大小、显晦、位置的高低都会对服饰的视觉效果产生重要影响。如果图案小或隐晦的话，它会成为点缀，设计者所要突出的显然是服饰本身或着装者；如果图案大或明显的话，图案将会十分突出，而且被装饰的部位也会随之突出，其他因素则成为陪衬。另外，按一般的视觉心理习惯，单一的服饰图案在身上的位置越高，越有稳定感、庄重感；越低，稳定感越下降，庄重感也下降，转而成为别致或怪异，若再低到一定程度，则会出现失衡感，甚至会产生似乎要妨碍人行动的

"障碍感"（图5-1-2、图5-1-3）。

图5-1-2　单一式点状构成
——集中、醒目

图5-1-3　不同装饰部位给人的视觉心理感受差异很大

图5-1-4　重复式点状构成
——平衡、呼应

（二）重复式构成

重复式构成指服饰上只有一种图案形象，但这种形象以重复的形式出现。这种重复可以是绝对重复（图案形象完全一样地重复出现），也可以是相对重复（图案形象有大小变化或细微的繁简变化）。重复式构成可谓**"散点式"**构成，因为相同或相似的图案形象在服饰的不同部位重复出现，会使观者的视线在它们之间发生游移，因而产生一种活泼、跳跃、多视点的效果。从视觉心理上讲，两个或两个以上的点之间容易形成一种呼应或平衡。重复式构成比单一式构成活泼、富有变化，但不如单一式构成那样有中心感和分量感，那样具有视觉冲击力（图5-1-4～图5-1-6）。

（三）演绎式构成

演绎式构成指服饰上几处都有图案，其中一个是主导，其他形象都是根据主导形象派生或演绎出来的。演绎式构成可谓**"中心式"**构成，它以主导形象为中心，

图5-1-5 装饰元素虽有大小、排列上的变化，但彼此呼应,活泼跳跃

利用各种内在或外在的因素将其他形象与之有机地联系起来，创造一种多个形象，既有区别又相互呼应的效果。演绎式构成具有向心性、整体感。一般主导形象都装饰于服饰的醒目部位，其他形象则起一种烘托、陪衬、呼应的作用，使得整个装饰主次分明，谐调有致（图5-1-7）。

（四）多元式构成

多元式构成指在服饰上出现数个毫不相关又分量相当的图案形象，形成一种**多中心而又无中心的局面**。由于几个在形式、内容、色彩等方面都相去甚远的形象并存，使观者的视线在它们之间大幅度跳跃，心理上产生一种唐突、分裂、不和谐的感觉，因而造成奇异、刺激的效果（图5-1-8）。如一件短衫的装饰即为典型的多元式构成，其左肩部饰以一个图案化的心形，下方饰以盘曲的蛇形；右胸部则画了一只大大的眼睛，整个服装因为这种图案装饰

图5-1-6 重复式点状构成
装饰（户外服）

而充满了活泼、怪诞的感觉。

图5-1-7　演绎式构成——多个装饰形象既有
　　　　　区别又相互呼应的效果

图5-1-8　多元式点状构成——分量相当、
　　　　　内容相去甚远的形象并置

第二节　线状构成

一、线状构成的特点

　　线状构成是以细长形图案呈现于服饰边缘或某一局部的。由于线具有使观者视线沿着线形方向不断移动的特性，所以线状构成不如点状构成那样集中、突出。在服饰上，线状构成的装饰图案多为二方连续或带状群合图案。

　　线状构成的装饰形象自身是有形的，如宽窄、曲直等，而且往往会对面产生作用，如勾勒面的外轮廓、分割出新的面等。所以，线状构成与服装的款式结构常常有着紧密的"天然"联系。以线状图案装饰的服装显得更加典雅、精致、秀丽。用线状图案对相同款式的服装作不同的分割处理，会取得截然不同的装饰效果。**在所有构成类型中，线状构成最容易契合服装的款式和造型结构**（图5-2-1）。

二、线状构成的形式

服饰中的线状构成大体有边缘勾勒、块面分割、加宽重复三种形式。

（一）边缘勾勒

服饰中的许多线状构成是以勾勒边缘的形式出现的，就像绘画中勾勒轮廓一样，将服装的领口、前襟、下摆、袖口、裤缝、裙边等边缘部分通过装饰强调出来，起到加强、界定的作用。它虽以线的面貌出现，但视觉效果却是形的显现。

这种构成形式非常有利于加强服装款式和结构的特征。以边缘勾勒作为构成形式的图案形象若简洁、细丽，服装则会显得精致、严谨，如常见的职业装及一些女装；若较为繁复、宽阔，服装则会显得华丽、厚实，如常见的某些礼服或具有夸张意味的服装（图5-2-2、图5-2-3）。

图5-2-1　线状构成——边缘勾勒，起到界定、强调结构造型的作用

图5-2-2　简洁、细丽的边缘会有精致、严谨的效果

图5-2-3　繁复、宽阔的边缘具有华丽、夸张的意味

（二）块面分割

　　块面分割指线在面上出现从而对面产生分割作用。线状装饰对服装整体块面而言也常会形成分割。线状构成以其在服装上的不同位置及自身的形态变化，使服装在基本结构不变的情况下，产生各种分割面，从而形成变化丰富的独特装饰效果。设计师在服饰中寻求变化，营造各种个性风格时常会运用这种构成形式（图5-2-4、图5-2-5）。

图5-2-4　线状构成——块面分割
（俄罗斯民间服饰局部）

图5-2-5　利用线状图案分割块面，
起到丰富装饰的作用

（三）加宽重复

线状构成在服装上有时会以面的形式出现。其构成形式有两种：一是加宽线状图案的宽度，使其成为"面"状；二是重复排列一条图案或将数条图案叠加在一起形成"面"状。这种构成形式在服装上醒目而有分量，但在某种程度上已失去了线状图案的特点，从而具有面状图案的属性（图5-2-6）。

图5-2-6 线状构成——加宽重复，使线形装饰具有面的属性

第三节 面状构成

一、面状构成的特点

面状构成即通常概念中的"满花装饰"，是以纹样满铺的形式呈现于服饰上的。"面"具有幅度感和张力感。当面状图案铺满整个服装并穿着于人体时，"面"就开始向"体"转变，与人体的起伏和服装的结构紧密结合在一起，其幅度感与张力感就会起到扩张人体和服装的作用。这也是又高又胖的人不适宜穿满花服装的原因。面状构成是以二维的形式展开的，除以独幅图案的扩展形式构成外，还常以四方连续图案和面状群合图案为基本构成。

在服装上，点状构成与线状构成都有可能给人以"面"的感觉，但由于其装饰面窄小及自身形状的限制，很少使人想到"体"，而唯有面状构成给予人的不仅是面而且是体

图5-3-1 面状构成——纹样满铺于服饰
(*The Keith Haring Show*)

的感受。在所有装饰类型中，面状构成是直接融入服装整体的，面状图案的风格特点很大程度上就是服装本身的风格特点。一般情况下，服装设计师在进行面状构成装饰时并不自己设计图案，而是利用现成的面料图案或现成的艺术作品转化为服饰图案（图5-3-1）。

二、面状构成的形式

如前所述，面状构成是以铺满的形式展现于服饰上的，但由于设计意图不同，运用装饰手段不同，故"铺满"的方式也各有所异，常见的有均匀分布、不均匀分布和各种组合拼接形式。

（一）均匀分布

均匀分布指纹样或装饰形象均匀地分布于整个服装。一般来说，这种构成形式主要靠运用四方连续或独幅图案的放大以及均匀群合式图案与服装相结合来实现，以至原本平面展示的图案被转化为一种立体形象。**这里图案本身的组织排列与服装的结构、起伏、转折无关**，重要的是图案的风格、基调与服装的款式、特点谐调呼应、融为一体。通常所谓的"花衣服"多属此类（图5-3-2）。

（a）以纹样满铺的形式呈现于服饰

（b）以独幅图案满铺的形式呈现于服饰（日本和服）

图5-3-2 均匀分布

（二）不均匀分布

不均匀分布指图案的组织排列有大小、疏密的变化，而且这种变化与人体形态和服装的结构紧密契合，利用图案所造成的视幻、特异等效果，突出人体或服装造型的起伏、凹凸、转折、长短的感觉，体现一种夸张、强调的意味。不均匀分布的构成形式通过图案形象排列的变化关系给人以强烈的视觉冲击，鲜明地呈现出服装本身的个性特征。如塔裙上的装饰图案就常以腰部为起始，越往下越扩大、越疏朗，以增强塔裙小下大逐步扩张的夸张感（图5-3-3）。

（三）组合拼接

组合拼接指以若干块面拼接组合在一起布满整个服装的构成形式。组合拼接的方法很多，有的是将四方连续图案裁开再进行各种拼合；有的是将若干图形或不同色彩的面料按一定的意图组合在一起；有的是将若干条状纹样并列循环。以上方法无论哪种，其结果都是对图案原有面貌的削弱或改变，从而形成一种新的视觉效果。另外，还有一种拼接是以人体结构或服装结构为参照，进行各种形式的块面拼接，强调一种结构特有的形式美感。

组合拼接的形式多种多样，有自由随意的，也有规律严谨；有横向的，也有纵向、斜向的；有大块的，也有小块的。自由拼接有新意感，规则拼接有稳定感；横向连续拼接使装饰形体有拉长之感，纵向连续拼接使装饰形体有拓宽之感，斜向连续拼接会产生活泼、不稳定的感觉；大块面拼接有分量感，小块面拼接有闪烁跳跃感。在所有面状构成的形式中，组合拼接最富变化，给设计师提供自由创造的空间也更大（图5-3-4、图5-3-5）。

图5-3-3　不均匀分布——强调服装的造型和人体的起伏（MANISH ARORA）

图5-3-4　组合拼接——小块面组合有跳跃感（拼布爱好者制作的服装）

图5-3-5　组合拼接——大块面组合有分量感
（ANN DEMEULEMEESTER1）

第四节　综合构成

一、综合构成的特点

　　所谓综合构成，就是将点状、线状或面状构成综合运用在服装上的一种形式。"综合"就必然综合各家特点，将局部装饰与整体装饰、局部装饰与局部装饰相结合，形成丰富、多变、华丽的效果。由于综合构成是多种形式并用而且图案分布较为繁复，所以使得服饰具有层次感、丰厚感。但在进行综合构成时，一定要注意主从关系或对比关系的处理，否则容易出现烦琐、堆砌、罗列的毛病（图5-4-1）。

二、综合构成的形式

在服饰中，综合构成的形式一般有以下四种。

（一）点加线的形式

在点状构成加线状构成的形式中，点状装饰通常是主体，在服装上起着装饰中心的作用，而线状装饰则常以边缘、陪衬的角色出现。两者结合得适当，会有主从分明，呼应有序之感，使服装既具备点状构成的活泼、明快，又呈现线状构成的精巧、雅致（图5-4-2）。这种形式常用于童装与女装中。

（二）面加线的形式

面状构成加线状构成即指"满花"的服装上再加花边。在这种构成形式中，线状装饰像轮廓框架一样将满花图案围住或分割，使充满扩张感的面状图案因有了边缘的界定，而又具有内聚感，形成线面相依、相互映衬的效果。以这种构成形式装饰的服装繁复华丽，而且轮廓结构清晰（图5-4-3）。面加线的构成形式多见于礼服和一些华贵的服装。

图 5-4-1　"综合构成"形成丰富、
多变、华丽的效果
（*Embroidery Italian Fashion*）

（a）蓝缎绣花小袄（20世纪初）

（b）

图5-4-2　点加线的形式

图5-4-3 面加线的形式（藏青缎绣花女褂背面，19世纪中）

图5-4-4 面加点的形式（日本和服）

（三）面加点的形式

面状构成加点状构成的形式是在满花装饰中作"开窗"处理，再在里面装饰单独纹样，或在满花底纹上直接叠加单独纹样，使铺满装饰纹样的服装产生夺目的视觉中心，具有锦上添花、众星捧月的效果（图5-4-4）。

（四）点加线加面的形式

点状、线状和面状构成的综合形式使服装装饰极端丰富、华丽。一般处理是突出点状、线状装饰，而将面状装饰减弱，使之成为陪衬或底纹。有时点状、线状装饰被做成立体形态，拉大了与面状装饰的距离，从而使繁杂的平面变为有序的层次（图

5-4-5）。由于此类装饰构成十分繁复，处理不好会有累赘之感，因此一般服饰运用较少，多见于礼服、盛装。

（a）瓦伦蒂诺作品（*EmbroideryItalian Fashion*）

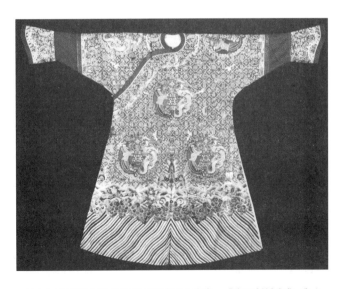

（b）红色绸平金绣龙凤双喜纹锦袍（清代，《中国刺绣全集4》）

图5-4-5 点、线、面结合的形式

第六章 服饰图案的设计与应用

第一节 设计原则与程序

服饰图案的设计是一项与现实紧密联系、充满综合思考的艺术创造。其创造过程艰苦而复杂，需要灵感的冲动，更需要掌握相关的专业知识和操作规则。

一、设计原则

在服饰图案设计过程中，首先应把握的是设计的原则，总括起来有以下三点。

（一）以体现服饰的规定性为前提

服饰图案是从属于服饰的。无论哪一种服饰都有其规定性，如一定的材料、制作工艺、实用功能、适用环境、穿着对象、款式风格等。设计服饰图案必须首先考虑和研究服饰的规定性，而且在整个设计过程中，都应以体现、烘托乃至强调这些规定性为前提。

（二）以遵循服饰图案自身规律为基础

服饰图案有着明确的自身规律，它不以个人的意志为转移，设计师必须掌握、遵循、利用这些规律。

1. **从组织形式看**　服饰图案有单独式、连续式和群合式之分，而且每种形式都有鲜明的特点。如单独式图案醒目、突出、活泼，中心感和分量感都很重，在服饰中常成为视觉的焦点；二方连续、带状群合图案主要是"线性"的表现，在服饰上常起勾勒、分割、界定的作用；而四方连续、面状群合图案则是以包围人体的形式出现，所以与其说它是面的装饰，不如说是体的塑造。

2. **从装饰布局看**　服装上对称的、中心式布局易显端庄、稳定，平衡的、多点状布局易显活泼、轻松，不平衡的、突兀的布局则显示着一种新奇、颖异。

3. **从造型语言看**　服饰图案设计必然要根据材料及工艺特点考虑造型的可行性，而各种材料和工艺制作都有特定的属性和"表情"。如在丝绸上实施刺绣和在皮革上装饰铜牌、铆钉，两者所运用的装饰造型语言就不会一样。

（三）以圆满实现服饰的价值为目的

服饰的价值包括实用和审美两个方面。实用价值体现在服饰上不仅仅是穿戴，而且还要让人穿戴得舒服、得体。服饰图案必须追求这一价值目标，它的装饰部位、手段形式、材料的选择都应以实用为先决条件。审美价值，即服饰图案要让人赏心悦目，得到精神上的满足。这里需要特别强调的是，服饰图案的审美追求必须服从服饰的整体规划，要以衬托、强化以至提升服饰整体审美价值为目的。

二、设计程序

服饰图案的设计程序通常分为两步：一是构思，二是表达。构思是设计者在动手设计之前的思考与酝酿过程，是在观念中规划设计意向、创造艺术形象。表达是设计者通过造型技巧和物质材料，将观念中的艺术形象转化为可视可感的现实形象。在两者中，构思是前提，表达是结果。

（一）构思

尽管不同的设计者有着各自不同的构思途径和方式，但在服饰图案应用设计的构思过程中大体都要有以下四个环节：

（1）根据服装的特点（包括功能、款式、风格、着装者等因素）确定图案的装饰基调和装饰部位。

（2）根据装饰基调和装饰部位确定形象素材。

（3）选择最佳的表现手段，包括造型手段和工艺手段。

（4）勾画草图。勾画草图虽然是将观念中的形象付诸纸面，但这远不是最终的确定稿。构思往往要借助勾画草图这种方式设定形象思维的"逻辑起点"，或提供可进行演绎、修正的直观形式框架，以使游离不定的模糊意向趋向稳定、清晰、完善。所以，草图是构思的记录和延伸，是构思向表达的过渡。

（二）表达

服饰图案设计的表达包括案头表达和实物制作。

（1）案头表达。即通过画设计图的方式将设计意图表达出来，是设计构思变成具体形象的第一步，包括图案形象和效果图，有的还需附加一定的文字说明。

（2）实物制作。根据设计方案，运用实物材料进行试探性、演示性制作，是将方案最终付诸现实，使图案成为服饰的有机组成部分。实物制作有时还需要生产者、制作者配合设计师共同完成。

第二节 设计形式

服饰图案的设计形式可分为两类：局部装饰设计和总体装饰设计。局部装饰设计是针对服饰的各部位或部件而言的；总体装饰设计则是针对整件、整套或整个系列的服饰而言的。两者有区别也有联系，区别在于着眼点不同，联系在于整体设计必须从局部入手，局部设计也必须考虑整体的效果。

一、局部装饰设计

通常而论，服装可以说没有不能装饰的部位，而且随着时代的发展，服装的装饰格局、装饰手段也越来越新颖多样。如果说服饰图案的色彩最具视觉冲击力，题材内容最具吸引力，那么装饰部位则最能表现服饰图案以至整个服装的个性特色。装饰部位主要指各个局部，如领部、肩部、腰部等。对服装进行局部装饰是最常用的设计形式，也是学习中重要的一项基本训练。局部装饰设计包括边缘装饰、中心装饰和配件装饰三大类型。

（一）边缘装饰

这里说的边缘指服装的门襟边、领部、袖口、口袋边、裤脚口、裤侧缝、肩部、臂侧部、体侧部、下摆等部位。在这些部位进行装饰，可增强服装的轮廓感、线条感，具有典雅、端庄的意味，也易于展现服装款式结构的特色。

在服装上，领部和前门襟是最引人注目的敏感部位，所以图案用得较多、较讲究，而且常与袖口、口袋边谐调一致、相互呼应，具有雅致、秀丽的特点（图6-2-1）。

图6-2-1 边缘装饰——领部

肩部装饰图案，强调了肩的结构和分量，因而具有高耸、扩张和力度感（图6-2-2）。

在上衣或裙子的下摆及裤装的裤脚口装饰图案，能增强稳健、安定感，而且起到界定和提示服装边缘的作用。这些部位均属服装的下部，其装饰具有沉稳之感。如果将领、肩、前门襟、下摆都装饰起来，会形成一种呼应和"框定"的效果（图6-2-3）。

图6-2-2 边缘装饰——肩部　　　　　　图6-2-3 边缘装饰——下摆（引自
（JOHN RICHMOND）　　　　　　　　　《儿童时装集锦》，2012）

臂侧部、体侧部、裤侧缝的装饰图案往往起着勾勒形体、分界前后、遮盖或强调拼缝的作用，易显修长、细致。一般侧部的图案应尽量简洁、精巧，否则会有累赘、膨胀之嫌。当然，在这些部位作醒目或宽厚的装饰，也可以起到夸张人体外轮廓的作用（图6-2-4）。

（二）中心装饰

中心装饰主要指服装边缘以内的部位，如胸部、腰部、腹部、背部、臀部、腿部、膝部、肘部等。在这些部位装饰图案，比较容易强调服装和穿着者的个性特点，具有醒目、集中的意味。

在服装上，胸部是运用图案装饰最频繁的一个部位，其视觉敏感度仅次于人的脸部，具有强烈的直观性和彰显性，因而其装饰图案易形成鲜明的个性特点，给人以深刻印象（图6-2-5）。

图6-2-4　边缘装饰——体侧
（DIRK BIKKEMBERGS）

图6-2-5　中心装饰——胸部
（TADASHI SHOJI）

服装背部也很适宜装饰图案，其最大特点是宽阔、平坦，不受脸的影响，各种制约较少。背部的图案表现较为自由，既可与服装正面的装饰相呼应，也可以自成一格、作不同的变化。背部装饰能够体现强悍、扩张的韵味（图6-2-6）。

图6-2-6　中心装饰——背部

　　腹部装饰难度较大，但若图案运用得当，则会别具特色。一般情况下，腹部图案总是与腰部、胸部图案连在一起，或与领部、肩部作呼应处理。

　　腰部图案最具"界定"的功能，其位置高低决定了着装者上下身在视觉上的长短比例。而且，在这一部位上，图案的造型和走势也很重要，横向图案有明显的隔断感，斜向图案有特殊的扭动感，纵向和辐射状图案则易取得挺拔、收拢的效果。腰部紧缩并加以繁密的装饰，可反衬出胸部的宽阔和臀部的丰腴。因此，腰部图案既可强调男性的英武、阳刚之气，也可衬托女性的婀娜、窈窕之形（图6-2-7）。

　　臂部、肘部、腿部、膝部的装饰能体现出力量的美感和坚毅的风格。另外，由于四肢的各种动作，使得这些部位的装饰因前后、

图6-2-7　中心装饰——腰部（引自《新娘》，2012.3，美国）

叠压、不同方向等变化而呈现出种种灵活多变的空间效果。这是其他装饰部位所不具备的特点。

（三）配件装饰

配件装饰指与服装相关的其他配件上的图案装饰，如胸花、佩饰，或鞋帽、手套、围巾、提包上的装饰图案，或标志性图案。这些图案与服装整体或呼应或对比，有利于营造一种更加丰富或具有变化的视觉效果。一般而言，配件装饰应服从服装的总体基调，起到画龙点睛的作用（图6-2-8）。

（a）手套（匈牙利）   （b）袜（日本）

（c）东方风格的包（ZAZO，法国）   （d）首饰（DORI CSENGERI）

图6-2-8 配件装饰

二、整体装饰设计

服饰图案的整体装饰类型大概有三种：单件装饰、配套装饰和系列装饰。

（一）单件装饰

单件装饰指对单件服装、单个配件的独立性装饰设计，如外套、裙子、围巾、帽子等。这是一种最常见、最基本也是较为单纯的设计。其重点在于对单件服装、单个配件本身风格特点的把握和塑造，考虑图案如何与之相适合。至于现实中着装的组合搭配、整体效果，则由着装者自己去考虑、完成（图6-2-9）。

在日常生活中，同样的一件上衣或裙子，完全可以因着装者的自主搭配不同而呈现差异甚大的整体效果。所以，对穿着者来说，单件服装的独立性装饰，在显露个性、塑造不同着装风格方面，提供了很大的自由度；而对设计者来说，单件装饰是一种可塑性强、适应性广，又相对独立的设计。

图6-2-9　单件装饰（匈牙利民族风格服装）

（二）配套装饰

配套装饰指以相同或相似的图案将服饰的各个部分有机地联系、组合起来，从而形成一种固定搭配的装饰设计（如上衣、下装、鞋、帽、围巾、手套、包、配饰等）。这种设计一般有一个装饰中心或主调，其他部分则是呼应、衬托，以追求整体的协调性和完整感。配套装饰的服装往往有明确的针对性，即对着装者的社会层次、职业身份、性格特点、着装场合等情况加以预先考虑。它在向着装者提供现成的着装方式的同时，也为之塑造了特定的外观特征（图6-2-10）。

（三）系列装饰

相对上述两种装饰类型而言，系列装饰设计难度最大。系列装饰指几套服装通过一定的装饰图案而紧密联系、呼应，成为一个整体，而每一套服装自身又是完整、独立、具有特色的。系列装饰的设计手段有以下几种：

1. **同图案、不同款式**　以相同或相近的图案将几套款式各异的服装统一起来，形成既有变化又相互协调的系列整体，在此，图案起着"纽带"的作用。设计的重点除了注重图案与各套服装相适应外，还要注重图案在每套服装上的恰当位置（图6-2-11）。

（a）头巾、裙、鞋配套　　　　　　　　　　（b）大衣、短裙、鞋、手包配套

图6-2-10　配套装饰

图6-2-11　系列装饰——同图案、不同款式（尹春燕作）

2. 同款式、不同图案 以不同的图案使几套款式一样或类似的服装形成系列。此类装饰设计较少在装饰部位和面积上做文章，而把重点放在图案自身的变化上。这种系列的关键在于把握变化与统一的分寸。就系列总体而言，图案起着统一中求变化的作用；就各套服装之间的关系而言，图案又具有在变化中找统一的作用（图6-2-12）。

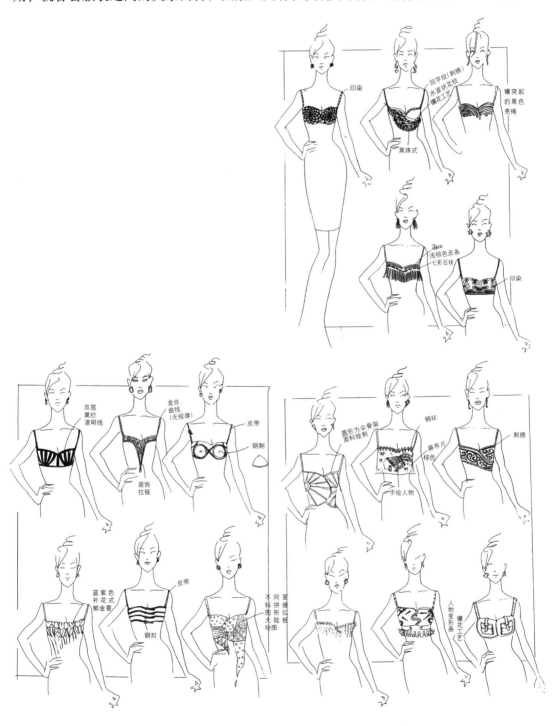

图6-2-12 系列装饰——同款式、不同图案（苗青作）

3. **同款式、同图案** 几套服装的款式相同，采用的图案也相同，但在装饰部位、装饰面积上各有所异，这也是构成系列服装装饰的常用方式。它作为一种力求系列服装高度和谐而又富于变化的设计，最关键的是在各个装饰部位的选择上，做到既恰当而又具有新意（图6-2-13）。

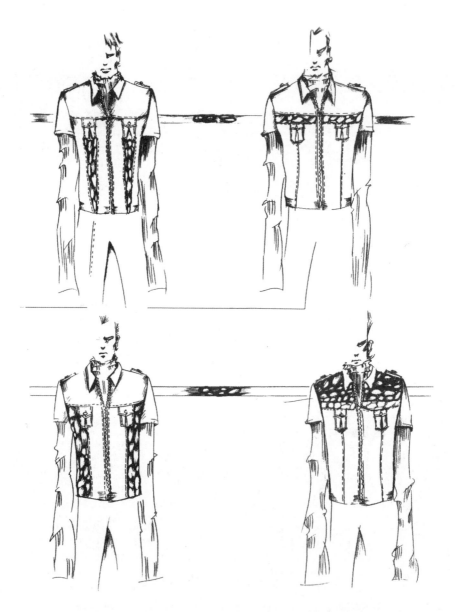

图6-2-13 系列装饰——同款式、同图案（孙家琛作）

4. **不同款式、不同图案** 以不同或稍有相近的图案装饰在几套款式各异的服装上，形成变化丰富又互有联系的系列整体。在此，图案虽然不同，但其色彩、装饰元素有相同或相近之处，从而使几套服装形成"异中有同"的系列（图6-2-14）。

图6-2-14　系列装饰——不同款式、不同图案（TSUMORI CHISATO）

第三节　设计要领

　　服饰图案在设计过程中有一系列应该反复思考、推敲的问题。要使图案与服装完美地结合，或通过图案装饰使服装更显风采并非易事，它需要大胆创造、悉心处理，也需要足够的经验积累及对一些基本要领的把握。所谓要领即关键点，可将设计服饰图案的要领归纳为以下五点。

一、从属功能

　　任何服装都有其特定的功能，服饰图案应从属于这种功能，与之相适应。

　　服装就其属性而言可分为"展示"与"实用"两大类。展示类服装着重艺术表现，其功能在于展示设计者的匠心创意和表演效果，强调服饰的观赏性，因而装饰图案以达到最佳艺术效果为目的，其他因素都可降为次要。实用类服装的功能主要在于满足人们日常的穿着需要，因而其装饰图案一方面要符合大众的审美趣味，另一方面还应考虑实用、舒适及成本价格等问题（图6-3-1）。

（a）表演装图案（日本迪斯尼游行表演）　　　　（b）实用装图案（20世纪80年代，福建惠安女）

图6-3-1　从属功能

二、凸显风格

　　人们对服装风格的理解和认识是多层次、多角度的，各时期、各民族、各地区、各阶层的不同需求，都能造就不尽相同的服装风格。具体到每一类服饰、每一件服装，都有风格上的显现，或粗犷、或细腻、或优雅、或朴素。但无论风格如何多变，它都得通过服装的造型、款式、材料、色彩、图案乃至做工综合地表现出来。所以，作为服装重要组成部分的服饰图案，必须与其他因素和谐统一，对服装的整体风格起到渲染、强调的作用。

　　常见的牛仔服装饰就是一个极好的例子。几经发展变迁的牛仔服虽然已由纯粹的工装演化为休闲性质的便装，有着各种款式、各种色彩，还有花样不断翻新的各种装饰。但无论怎样变化，牛仔服都没有脱离其最基本的风格特点——质朴、粗犷、厚实，而牛仔服上的图案装饰也每每在强调这种充满阳刚之气的风貌，无论采用什么手段（拉毛、磨白、拼接、压模、印染、机绣等）、什么材料（皮革、铜牌、其他粗布等）、什么形象（牛头、娃娃、文字、花卉、抽象形等），都在极力渲染、凸显牛仔服的这些风格特点，而不是削弱或改变之（图6-3-2）。

图6-3-2　凸显风格——牛仔服装饰（引自《时尚芭莎》，2012.6）

三、贴切款式

款式是整个服装形象的"基础形"，是服装与人体相结合的特定空间形式。一定的款式，在很大程度上限定了包括图案装饰在内的其他成分的发展趋势和形态格局。服饰图案必须接受款式的限定，就好像做"适合图案"作业一样，必须以相应的形式去体现这种限定性。各类服装千姿百态，不同的款式自有不同的特点，服饰图案设计应该力求自然贴切地融入特定款式的形式格局。

　　例如，同是休闲装，有的款式宽松，有的款式修长。宽松的休闲装，随人体运动的幅度较大，可供装饰的面积也较大，因此，其图案布局可以相对疏朗宽大，色彩可鲜艳明快些，纹样也可较随意奔放；修长的休闲装，通常更着意展现人体形态的自然风韵和起伏变化，因此，其图案装饰也相应强调与人体结构和款式特征的默契，一般多采用边缘或局部装饰。即使采用满花装饰，其形式格调也倾向于平和适中，以免削弱款式基调中所显露出的自然体态的优美韵味（图6-3-3）。

图6-3-3　贴切款式（引自*BOOK*，2011春—夏）

四、契合结构

　　服装的结构取决于人的体态和运动的特点，并随服装款式的变化而变化。它作为支撑服装形象的内在框架，对图案形象和装饰部位的限制都十分严格。服饰图案只有巧妙地契合于服装结构，才能达到理想的装饰效果。一般而论，造型结构较简单的服装，图案装饰可多些、复杂些；而造型结构较复杂的服装，其结构线、省道线必然多，附加部件也多，图案装饰则可少些、简略些。针对后一种情况，有时可以直接利用结构线做装饰，形成一种严谨、明晰的装饰美感（图6-3-4）。

图6-3-4　契合结构（埃文克人的"巴尔卡"外衣背面，20世纪初，俄罗斯）

五、慎选部位

　　服装上可装饰图案的部位很多。仅上衣而言，就有领、袖、肩、胸、背、腰、下摆、边缘等。由于人们的视觉心理习惯，更由于穿着于人体的服装是一个特殊的装饰对象，不同部位的装饰会造成不同的视觉效果和精神风貌，引起迥然相异的心理联想和审美评价。如胸部向来都是服饰图案的重要装饰部位，装饰得当会显出端庄、稳定的视觉效果，给人以自信、坦荡、豪迈的审美感受。但是，若将同样的装饰向下移至腹部，原有的视觉效果则会发生戏剧性的转变，以致产生滑稽甚或丑化的感觉。就一般审美习惯而言，胸部宽阔、突出是美的，而腹部肥大、隆起则是不美的。再如，常见一些服装在前后下摆作哥特式建筑的图案装饰，这是一种别具匠心的设计，它使整件服装融于错落的建筑和空灵的天宇，呈现出不失生机的沉稳之态。可是若将这种图案上移到胸部或背部，原来的装饰效果就会荡然无存，而且那数个尖顶直抵穿着者下巴或后脑的装饰格局，会让人感觉很不舒服。服饰图案装饰位置的选择至关重要，它不仅涉及图案与服装的关系，还涉及图案与人的关系（图6-3-5）。

（a）图案的装饰部位与服装造型乃至人体结构都有密切的关系（JOHN CHMOND）　（b）肩胸部位的块面装饰凸显了男性的粗犷与力量

图6-3-5　慎选部位

第四节　应用意义

　　服饰图案应用的意义在于增强服饰的艺术魅力和精神内涵。它是通过视觉形象的审美价值和种种指征功用价值表现出来的。服饰图案灵活的应变性和极强的表现性特点适应人们对服饰日益趋新、趋变、趋向个性化的需求，所以其广泛应用的意义显得更为重要。如今的服装设计师应该对服饰图案的应用意义有一个清晰而全面的认识。

一、审美意义

此处所说的"审美意义"，主要是指服饰图案具有从视觉或视觉心理上满足人们美化自己、追求变化之需求的作用，使服装和着装者显得"更好看"。服饰图案的这种美化作用，因其侧重点的不同而呈现出多种形式和效果。

（一）修饰、点缀

服饰图案的一般作用就是对服装进行修饰、点缀，使原本单调的服装在视觉形式上产生层次、格局和色彩的变化，或使原本有个性的服装更具风采。不失服饰整体感的图案修饰和点缀，不仅能够渲染服装的艺术气氛，更能提高服装的审美品格。美的服装不一定都有图案，但图案装饰得当的服装肯定是美的（图6-4-1）。

（二）强调、醒目

服饰图案在服装上还能起到强化、提醒的作用。设计师为强调服装的某种特点，或刻意突出穿着者身体的某一部位，往往运用强烈对比、带有夸张意味的图案进行装饰，以达到事半功倍的效果。如果说"修饰、点缀"是追求服装的一种整体和谐之美的话，那么"强调、醒目"则是着意造成一种局部对比之美（图6-4-2）。

（三）弥补、矫正

服装的款式造型往往可以起到从视觉上矫正、遮盖人体某些不足的作用，服饰图案也具有这种功能，它可以通过自身的组织结构、装饰部位或色彩对比造成一种"视幻"或"视差"效果，以调节穿着者形体的某些缺憾或服装本身的不平衡、不完整感（图6-4-3）。

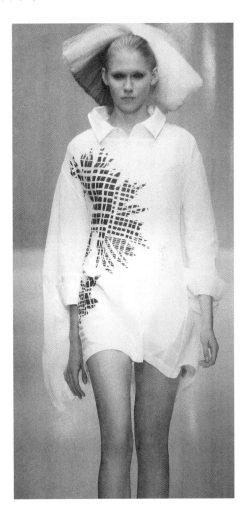

图6-4-1 修饰、点缀

二、功用意义

除了单纯的审美价值外，服饰图案往往还和人们丰富的社会需要相关联，或者和服装

图6-4-2 强调、醒目（GUCCI）　　　　图6-4-3 弥补、矫正——服饰图案勾勒
　　　　　　　　　　　　　　　　　　　　　　　出一个苗条、标准的腰身

本身的特殊用途相关联，从而具有象征思想理念、表达情感心绪、标志身份职能、传播商
业信息、加强服装特殊性能等功利作用。事实上，生活中许多服饰图案不仅仅为了美观好
看，还同时包含着大量的、或隐晦或明显的功用意图，有些服饰图案甚至完全出于功利
需要。

（一）象征作用

象征作用在服饰图案的应用中屡见不鲜，它超出审美范畴，把服饰图案作为一种
象征，一种体现文化精神或社会需要的人文观念的载体，这也是服饰图案从诞生之日
起便具有的功能之一。许多情况下，设计师在服装上设计图案更多的是为了象征、表
意的目的。如2008年北京奥运会上，中国运动员领奖服的装饰就极富象征意味（图
6-4-4）。

起象征作用的服饰图案古已有之，但许多传统的象征性服饰图案在当今已被泛化使

用，从而减弱或失去了其象征意义，这也是应当注意的一个现象，如宝相花、纹章图案等，其昔日所具有的宗教、阶层的象征意义已不再重要，更多的是被当做纯装饰形象来使用。

图6-4-4　象征作用（北京奥运会领
奖服　王丽设计）

图6-4-5　表情作用（漫画T恤）

（二）表情作用

有些服饰图案是为了满足人们某种特殊的心理需求，起到表达情感、宣泄积郁情绪的作用。在追求民主自由和个性解放的现代社会，服饰图案的表情作用往往受到特别的重视和发挥，这也形成了现代服饰不同于古典服饰的一个重要特点。以图案为特色的"文化衫"便是表情作用的一种极致发挥。各种文化衫图案的出现，实际表达了在特定时期、特定环境下，人们的或戏谑、调侃，或洒脱、乐天的心态。此类服饰图案即时性很强，极敏感于社会关注的问题，也是流行趋势的最直接的反映（图6-4-5）。

（三）标志作用

还有些服饰图案是起标志作用的。如运动员队服的图案，航空、海运工作者服装上的标志，警察、军人服装上的徽章或名牌服装的标志图案等，都是用来标明穿着者的职业、身份或标明服装的品牌。这类图案的共同特点是醒目、整体、简洁、易识、易记。另外，值得一提的是，由于标志图案的特点符合现代人的审美趣味，以至一些纯装饰的图案亦模仿标志样式，如把一个字母或两片小叶子等极单纯的形象装饰于服装的胸前作为点缀却不含任何意义（图6-4-6）。

（四）广告、宣传作用

在商品社会里广告随处可见，服装上也不例外。服装可以随着装者出入各种场合，真可谓是"活动广告"的最佳载体，能产生非常特殊的广告宣传效应。因此各大公司、集团、企业、单位，常把自己的徽标、名称、经营理念的文字或元素符号等组合成图案，装饰在T恤、工作服或专门用于宣传的服装上。在这里，服饰图案起着宣传企业形象、产品品牌或理念旨意等作用。另外，非商业性的社会政教宣传，也常会利用服饰图案为载体，一些重大社会事件、人们普遍关注的"热点"，往往会以图案形式反映到服装上（图6-4-7）。

图6-4-6　标志作用（捷克
卫兵服饰）

图6-4-7　广告、宣传作用（"ICE"儿童运动装）

（五）实用性能

有些服饰图案与装饰对象的实用功能紧密结合，以对其特定的功效起到加强的作用。如军人的迷彩服、环卫工人的工作服，其图案的花纹和色彩完全是出于实用的需要——隐匿或突显于环境中而设计的。再如服装上常见的装饰袋、扣子、绳带、搭襻，膝、肘、开衩处的装饰以及滚边处理等，往往既有美化功效又有连接、加固和实用的作用（图6-4-8）。

图6-4-8 实用性能（中国军人迷彩服）

其实，图案的审美与实用从来就是不可分割的。上述分析，只是帮助学习者有条理地认识服饰图案作用的广泛性。在实际运用上，这些作用因素常常交织于一体，综合体现服饰图案的应用意义。

第五节 应用常规

所谓应用常规，即服饰图案在实际应用中的一般规律或通常遵循的定式，它体现着人们对服饰艺术形式的理解和普遍的审美心理。为帮助学习者掌握更多的一般知识和传统经验，亦为设计者进行顺应常规的或别出心裁的设计提供一个参照，这里就既有的应用设计经验和应用常规作概略的归纳和总结，它仅仅反映服饰图案设计实践的普遍经验，而不包括那些超越常规的特殊现象。有必要指出的是，了解、把握和应用常规，不应该成为束缚创造性设计思维的教条，相反的，应该是一种有益的启迪和帮助，只有谙熟常规，才能创造性地突破常规。

一、不同功能的服装装饰

（一）职业装

职业装的功能在于它具有极强的提示性、界定性和公共性，明确地向外界传达着穿着者的工作性质、职能范围、岗位层级或职业理念等一系列信息，同时也对穿着者构成必要的提醒和约束，以利于工作的正常进行。职业装大略分为工装和制服两类。工装侧重于劳动保护、作业便利功能，如环卫工人的背心、维修工人的外套等，这类服装往往功能明确、色彩鲜明、图案简洁，具有强烈的识别提醒作用；而制服侧重于指征功能，如军队、航空、邮电、交警、服务员以及学生等的服装，这类服装整体状貌（包括结构、款式和装饰）通常表现出端庄肃穆、平实严谨的形式品格，强调有别于休闲散漫状态的严肃感、使命感和责任感。

服饰图案在职业装上所占的比例较小，数量和面积都很有限。通常情况下，图案装饰的布局构成多为线状和点状。线状图案装饰多采用较为明显的单色线条，沿服装的结构线或廓型边缘清晰而有序地展开。这种勾勒式的装饰处理给人感觉精致、明确，能增强职业装的提示性，且不失其应有的单纯和大方。作为点状装饰的图案在职业装上一般不可缺少（如徽章、标志等），它明确指征着一种服装的职业所属或职能性质。**这类标志，多采用对称式或单一式格局，视觉形象简洁规整、明朗清晰**，它总是被安置在上装的领口、肩上、前胸、衣袖上臂以及帽子的前中等显要部位，令人一目了然。

出于划分职能、等级、工种以至性别的需要，职业装还常呈现系列化。在系列化设计中，比之结构、款式等因素，图案装饰无论在表现统一性还是变化性方面，都具有更强的表现力和易操作性。因此，职业装的系列化设计一般依靠图案来体现。而当今一些倾向于轻松基调的职业装也多在图案和色彩上做文章（图6-5-1）。

（二）运动装

运动装的功能在于把着装者带入一种有别于日常工作和生活的运动状态，并向外界表示着装者的这种状态。对于职业运动员来说，运动装具有职业装的作用和某些相应的属性。而对普通人来说，它则是表明健身、娱乐、玩耍等运动状态的特定装束形式。

运动装要强调鲜明的运动感。所以，其装饰图案和色彩也要以表现运动感为目的，**图**

图6-5-1 职业装

案色彩往往纯度、明度极高，对比较强，有很强的
视觉冲击力。装饰格局多为中心式或分割式，装饰
部位多在胸、背、臂、腿及体侧。由于穿运动装的
人多处在不停的运动中，故运动装图案大都简洁、
明快，形象一般以几何图案、抽象图案、文字图案
和标志性图案为主。在职业运动装上，图案装饰更
注重标示功能，如运动队的队标、所属国家的国
旗、国徽图案、赞助企业标志或典型传统纹章等，
往往作为主体图案出现（图6-5-2）。

（三）休闲装

休闲装，顾名思义是人们处在完全放松、闲散
的状态下所穿的服装。其功能一方面是为着装者
提供舒适、方便、随意而又充分体现个性爱好的穿
着，另一方面又向周围昭示着装者此时已脱离工作
状态、卸去职责担待，完全是一个普通的自由人。

图6-5-2 运动装

图6-5-3 休闲装

休闲装的这些功能决定了它的总体风格呈现出一种轻松明快、新颖多样、重材质舒适感、富有个性特征的基调。

休闲装上的装饰图案应用很多，而且常以块面或点缀或满花的形式出现。块面或点缀式图案，多装饰在服装的前胸、后背、袖部、腿部、腰部、下摆等处。装饰格局也十分自由，对称的、平衡的、不平衡的、散点的均属常见。由于个性的差异以及穿着环境的不同（如室内、郊外、娱乐、逛街），**休闲装的图案题材内容相当广泛，表现形式和风格也多种多样，或夸张显赫、或细腻柔和、或轻松亮丽、或稚拙古朴，不尽一致。有时还在肌理的利用、材质的处理、性别的淡化上大做文章**，以求新颖别致的效果。如果说休闲装的款式、结构设计及材料的选择多出于着装者舒适、便捷、随意的考虑，那么其图案装饰则主要是为了满足人们在休闲状态中保持轻松心态、舒展个人情怀的需要（图6-5-3）。

（四）礼服

礼服的一个最重要的功能，在于使穿着者在正式的礼仪场合既郑重又恰如其分地扮演自己的角色，向外界表明自己的身份、地位甚至所属国家、民族、宗教信仰等。另外，就礼仪本身而言，人们穿着礼服还具有渲染气氛、装点场面、烘托礼仪主题和中心人物的作用。礼服具有严格的规范性，体现着为人们普遍接受、认同的礼仪着装标准。在各种礼仪、社交场合中，着装者对礼服的选择、穿戴甚至能体现他的修养、气质和品格。因此，人们对礼服的要求极为讲究，在制作、选料、装饰上都不惜工本，竭力追求华丽、典雅、庄重、精致，同时又合乎礼仪规范的效果。

鉴于上述特点，古典风格的礼服，图案装饰一般较多，而当今的礼服，特别是正规礼仪场合的礼服，图案装饰一般较少（尤其是男礼服），有时仅仅是精致的点缀。在装饰格局上，大多数礼服图案都呈对称或平衡式排布。为了强调雍容、沉稳，礼服的装饰图案以立体的、多层次的形式居多，而且，总是处于视觉中心的部位，如胸部、肩部、腰部、臂部、前襟、下摆等处。**礼服图案装饰所具有的这种彰显、夸耀意味，借助材质和做工上的考究而更为加强**（图6-5-4）。

图6-5-4 礼服（DIOR）

（五）内衣

　　内衣与其他服装的最大区别，在于它一般不示外人。其主要功能在于满足穿着者保护身体、矫正体型、衬托外装的需要，在特定的私密空间中又有着展现魅力和自我欣赏的功能。基于后一种功能，内衣虽不为外人所见，却不乏大量的图案装饰，特别是女性内衣尤其如此。

　　内衣图案的作用主要表现在两个方面：一是强调、突出所装饰的部位，就人体而言，如果说内衣起了遮挡作用，那么内衣上的图案则分明是为了炫耀；二是通过密集、复杂的装饰反衬出人体肌肤的柔润、光洁。所以内衣图案大多繁缛、华丽，制作精良，既能显现高贵、讲究，又能与人体皮肤构成肌理质感上的互衬对比。内衣毕竟是贴身穿着的，它不但应在材料、款式结构上符合舒适卫生的需要，在视觉审美上也应给人以柔和贴体的感受。所以，内衣图案的色彩往往比较单纯、和谐，纹样形象也比较细腻、秀丽（图6-5-5）。

（a）　　　　　　　　　　　（b）

图6-5-5　内衣

二、不同性别的服装装饰

（一）男装

　　男人是社会的支柱，是国家和社会建设、防卫事业的主体。社会要求男人既有智慧，

又要坚强。因此，男人的着装应表现出理
性和分量感，使人觉得可靠、可信并有英
武之气。男装的特点决定了男装的图案装
饰相对较少，一般多为几何、抽象图案。
图案形象往往强调饱满、粗犷、沉稳、刚
健、明朗、确定的视觉效果。**图案样式以
单独式居多，格局形式多作块面、分割、
对称式装饰，装饰部位大多分布在显示人
体力量的关键之处**，如胸、背、肩、臂、
腰、腿等处（图6-5-6）。

（二）女装

　　女人是社会的另一支柱，同样扮演着重
要的角色。但社会对女人的要求更倾向于温
柔、精明、美丽。把自己和世界装点得更加
漂亮，似乎是女人与生俱来的"天职"。因
此女性的装束总是变化无穷、仪态万方，而
女装的图案装饰更是缤纷复杂、五彩斑斓。
从总的基调讲，女装图案大多着意强调一种
妩媚柔和、轻盈流畅、精细艳丽的品格和视

图6-5-6　男装（ROBERTO CAVALLI）

觉效果。女装图案的装饰形式十分自由，如块面、分割、散点、满花、边缘等格式都被大量
采用，其中**线型装饰、边缘装饰尤为女装特色**（图6-5-7）。另外，应该一提的是，当下一
些服装中女装男性化、男装女性化倾向的种种表现，值得我们关注。

三、不同年龄的服装装饰

（一）童装

　　儿童时期是人的未成熟时期。儿童对事物的观察、理解和接受方式都与成人存在很大
差异，对周围事物他们只能作局部观察和自我中心式的理解，而且认识过程和思维方式也
时常是不完整、不确定的。所以，要突出儿童服饰图案的特点，就应该了解并强调儿童与
成人的差异。

　　童装图案的最大特色是形象单纯、有趣，色彩清新、明快，多以夸张、拟人的手法造
型，**在组织格局上常采用跳跃感很强的多点式布局和满花散点式装饰**。装饰部位多选在
胸、背、领、下摆、口袋、膝等较醒目的位置。装饰主题多为卡通形象、拟人化的小动物
和明艳的花朵等（图6-5-8）。

图6-5-7　女装

图6-5-8 童装（"水孩儿"，北京嘉曼服饰有限公司）

（二）青年装

青年人敏感、活跃，喜欢并善于接受新生事物，对周围的一切都表现出浪漫的情怀、美好的憧憬和强烈的自信。因此，青年人的服装有明显的趋时性，变化最快，形态也最为丰富。相应地，青年装上的图案装饰在风格和情调上突出地表现为鲜明、活泼、浪漫、潇洒，多采用表现力较强的写实性图案和对现实生活反应极快的即时性图案。青年装的图案往往具有夸耀、张扬的意味，无论在色彩、主题还是表现形式上都引人注目。**其装饰格局也十分随意，时常出新出奇，不对称、不平衡的装饰形式，颖异特殊的装饰部位往往只有在青年装上才能见到**（图6-5-9）。

（三）中年装

中年人在各个方面都已经成熟并趋向稳定。尽管他们仍然保持着青年人一般的敏感和热情，但在现实生活中表现更多的却是排斥自我中心意识的平实和持重感。中年人的着装虽也注重趋时性，但不再张扬、花哨，在努力使自己显得年轻的同时又透着内在的沉稳与端庄。另外，经济收入的相对平稳丰厚，使得中年人有条件在服装材质的选择及做工的精细上更加讲究。所以，**在中年装上图案应用相对偏少，并具有典雅、庄重、考究的特点。在格局上，点缀式装饰、边缘式装饰应用较多**（图6-5-10）。

图6-5-9　青年装

图6-5-10　中年女装

图6-5-11　老年装

（四）老年装

老年是人生的最后阶段，丰富的人生经历使老年人独有一种宽容和自我克制的精神。无论对周围的事物还是对自己的装束，老年人更看重的是自然与得体。随着年龄的增长、体态的衰老，服装对老年人来讲更具有了一种弥补的功能。这种弥补既是视觉上的，也是精神上的。就当今情况而言，老年装的装饰图案日渐增多、日渐丰富，图案的风格特点表现为自然、和谐、明朗，装饰形式大多是边缘装饰、满花装饰，图案题材和形象以较为抽象的花卉图案及几何图案为主，写实性、即时性图案较少（图6-5-11）。

四、不同材料的服装装饰

（一）棉质服装

棉织物光泽柔和、着色性能好，染色后色泽明快、色相纯正，所以棉质服装以印染图案作装饰的居多。此外，棉质服装还常以补花、拼接、刺绣及织花图案作为装饰。由于棉织物透气、柔软，易于洗涤，价格相对较低廉，因而多用于休闲性的便装常服，图案装饰也不太采用过分繁复的工艺和昂贵的材料。针对棉质服装的图案设计，要努力通过形象和色彩的相应处理来突出棉织物特有的温柔、质朴感，使寻常的"布衣"因贴切的图案装饰而提升其审美价值（图6-5-12）。

图6-5-12　棉质服装（佐藤夏美设计作品，
《儿童服饰》，2012）

（二）麻质服装

服装上常用的麻纤维主要有亚麻、苎麻，此外也有近年较流行的大麻、罗布麻等。麻织物具有凉爽、透气、不粘身等良好特性，因此多用作夏季衣料，有时也用来制作春秋季外套。麻布外观多呈天然的乳白或浅黄色，表面常有不规则的粗细条痕及粗节纱、大肚纱所形成的粗涩肌理质感，所以自然呈现出一种淳朴粗犷之美。为保持这种天然美感，麻质服装多取麻本色、漂白色或染单色，而较少印花装饰，即使印花也力求沉稳、质朴。另外，麻质服装还可作拼接、补花、绣花、毛边等装饰处理，若辅以木竹、绳带、石、骨、贝等天然原材料作配饰或坠挂式装饰，则别有一番情趣。在为麻质服装设计图案时，除了注意保持和强调麻布的特质外，还应充分考虑其弹性弱、易褶皱、易磨损、悬垂性较差等不利因素（图6-5-13）。

（三）毛质服装

毛织物俗称呢绒，主要指以羊毛、兔毛、驼毛等动物毛为原料纺织而成的织物，并有粗纺、精纺之分。毛织物具有光泽温润自然、手感柔软而富有弹性、穿着舒适挺括、保暖性强、褶皱回复性好等显著优点，通常作为中、高档服装的用料。用作衣料的毛织物色彩十分丰富，但多倾向于中庸、柔和，图案花色也较多，除常见的各种精、粗花呢外，还有"牙签条"、拷花呢等带有凹凸肌理效果的产品。在对毛质服装特别是单色的毛质服装进行装饰时一定要谨慎，要以充分体现毛织物的高贵质感为前提，可适当做些立体花、蝴蝶结或少量的压花、刺绣等装饰，也可在佩饰、配件上动脑筋（图6-5-14）。

图6-5-13　麻质服装

图6-5-14　毛质服装

另外，动物毛纤维纺成线，还可织成毛线衫，其图案装饰主要是织花。织花有单色和多色。单色织花图案靠不同针法和变化编织循环所形成的凹凸纹理来显现，具有浅浮雕般的美感。多色织花是用多种色线通过不同针法形成纹样变化；也有针法不变，只靠色线变换作出图案的。织花图案设计要遵循针织的结构特点，尽量编织直线形几何图案，即使是编织自然形象也要根据针法排列将其几何化。随着工艺技术的不断发展，这类服装也多有用印花、绣花、珠饰等作为装饰（图6-5-15）。

（四）丝质服装

真丝织物历来以其高贵、华美而受人青睐。作为衣料，它有许多其他材料所无法比拟的优点。真丝织物柔软、滑爽、透气、光泽亮丽，吸湿性强，悬垂性和弹性也较好。其品种、花色十分多样，如绸、缎、纺、绉、纱、绡、绫、罗、绢等。其组织结构有的疏松、有的紧密，可厚如毛呢，也可薄似蝉翼。由于真丝织物外观细致精巧、富丽堂皇，因而人们在装饰上也是不遗余力的。除了在织物的织法、色彩上极力追求变化外，还可以在其表面大做"美化"，诸如刺绣、抽纱、镂空、珠饰、彩绘、印花、加皱打褶、盘带堆花等都是常见的。与其他材料的服装相比，丝质服装上的图案装饰尤显丰富。而且，在丝质服装上进行装饰自由度很大，既可追求金碧辉煌的"镂金错彩"效果，亦可凸显平淡纯真的"出水芙蓉"意境，关键在于设计师对装饰对象总体基调的把握（图6-5-16）。

图6-5-15　针织男装（引自《意大利毛织品》，2012）

图6-5-16　丝质服装（北京红都集团公司）

（五）化纤服装

化学纤维是以天然或合成的高聚物为原料，经过一定的方法制造出来的纺织纤维，它包括再生纤维、合成纤维及无机纤维，用于衣料的主要是前两者。化学纤维具有天然纤维所缺乏的种种优点，如易洗易干、挺括、牢固、抗蛀、防霉；也有许多逊于天然纤维的不足之处，如吸湿、透气、防静电等性能较差，易起球等。但因化学纤维价格较便宜，而且许多不足正逐渐被克服和改进，所以其在衣料上的消费量很大。化纤织物一般呈色力很好，色彩齐全，明快艳丽，质感、织造工艺极为多样，因而为设计师的图案装饰设计提供了宽广的平台，以至化纤服装大多五彩斑斓，装饰形式也很多。

（六）裘皮和皮革服装

裘皮和皮革两类材料，皆取自动物的皮毛，是具有特殊魅力的珍贵材料，多用于秋冬装以及装饰的辅料。

图6-5-17　裘皮服装

裘皮源于动物的毛皮，主要有狐狸、貂、灰鼠、黄鼬、猞猁、羊、狗、狼、兔等毛皮。裘皮不仅具有保暖、结实、柔软、垂性好等优点，大多还具有自然天成的美丽色泽和斑纹。所以，裘皮服装不仅实用，还别有一份出于造化的审美价值和经济价值，深受世人珍爱。裘皮服装一般不作附加的装饰，设计师常利用裘皮原有的色泽和斑纹，以各种形式的切割和拼接制成服装并达到某种装饰效果。

拼接裘皮的方法大体有三：一是根据服装的形制需要将裘皮简单裁切、连接起来；二是通过巧妙的条块切割并拼接进其他材料，以扩大裘皮的原有面积，俗称"涨出来"(珍贵裘皮常用此法)，这样做既节省了裘皮，又减轻了衣服的重量；三是通过各种形式的拼接使裘皮的色泽斑纹呈现出均匀而有规律的变化，或构成某种漂亮的图案。

裘皮的切割和拼接十分讲究，设计师应充分掌握其规律及要领，根据皮毛的走向、皮板的抗拉强度等来确立设计方案（图6-5-17）。

皮革，即动物毛皮经过处理后的无毛皮

板。服装用革主要有牛、羊、猪、麂等。皮革服装有坚牢、柔韧、透气、耐磨、挺括等诸多优点。随着工艺技术的创新发展，其装饰越来越趋向丰富，最常见的有拼接、镂刻、压印、染色、烫烙、补贴、印花等，有些精致细腻的印花皮革感觉犹如丝绸一般柔软华丽。另外，皮革服装还常以金属配件(铜牌、铆钉、纽扣、气眼等)、裘皮(饰于领部、袖口、下摆、边缘等)、绳带之类作为装饰，既具有实用功能，又达到了美观的效果（图6-5-18）。

图6-5-18　皮革服装（引自《裘皮时装与皮衣》，意大利）

裘皮、皮革被作为辅助材料装饰在其他材料的服装上时，主要是以其特有的质感肌理、斑纹色泽为服装增光添色，乃至提高服装的整体价值。

五、不同季节的服装装饰

（一）春秋季服装

春秋季是气候由冷至暖或由暖至冷变化的过渡阶段。这一阶段的服装无论是从厚薄质感还是从色彩图案看，都具有这种"过渡"的特点。春秋季服装的色彩大多中庸、平实、明快，图案一般较少，常倾向于疏朗、典雅、和谐。所以，春秋季服装的装饰设计应把握住一种清新而平和的基调（图6-5-19）。

图6-5-19　春秋季服装

（二）夏季服装

夏季服装的材质轻薄、凉爽，其色彩图案则极为丰富。炎热的气候迫使人们无论是在体感上还是在视觉上，都极力寻求清凉的感觉。因此，夏季服饰图案大多鲜明、亮丽并趋向冷色，纹样组织随意、活泼，常作满花装饰，或大面积地在前胸、后背、下摆做装饰。夏季服装不仅装饰题材非常宽泛，而且手段十分多样，除最常见的印染外，还可作些透、露处理。由于夏季服装裸露皮肤部位多、面积又比较大，所以设计服饰图案时还应尽量考虑其色彩、肌理、质感与人体皮肤的关系，对比也好，调和也好，都应给人一种协调舒适的感觉（图6-5-20）。

图6-5-20　夏季服装（ZONG YANG）

（三）冬季服装

　　冬季，人们的穿着厚实，除了保暖的服装外，还常需要戴帽子、围巾、手套。由于气候环境寒冷静穆，所以冬季服装的装饰一般块面较大且倾向色彩的对比变化。装饰中多有拼接、机绣、补花、做皱、装饰化的线迹（常见于棉衣、羽绒衣）或各式配件，以及衣料自身肌理、花纹的表现(如毛呢、毡绒、裘皮等)。设计冬季服饰图案，应在色彩、形象、质感、装饰手段等方面都极力体现出厚实、柔和、温暖的感觉。当然，有些冬季服装也可追求冷艳或鲜明亮丽的效果，如冬季的一些女装、童装及运动装等（图6-5-21）。

图6-5-21　冬季服装

第七章　服饰图案的比较与赏析

第一节　中西古典服饰图案比较

　　由于地理、历史、经济、文化、生活方式以及民族性格等方面的差异，中国和西方国家在服装及图案装饰上存在诸多差异，形成了各具特色的服饰文化。在人类的服饰艺术世界中，两者交相辉映，构成一道灿烂而蕴含丰富的文化景观。

　　分析、比较中西服装在图案装饰上的不同，不仅有助于我们了解和把握中西服饰各自的特点，而且对于今天在服装设计上追求民族风格、弘扬民族精神也具有启迪意义和参考价值。当然，有必要指出的是，就当今发展趋势而言，世界各民族文化的趋同性越来越明显，服饰之间的区别、差异也逐渐淡化。因此，本章中所说的"比较"主要立足于古典形态，并仅限于一般的概念。

一、总体比较

　　在西方人眼中，中国的古典服装是简洁而自然优雅的,带有几分神秘的色彩。他们欣赏中国服装的款式简单、穿着舒适和用料考究（图7-1-1）。西方人对中国充满好奇，中国的服装常作为他们欣赏、研究的对象，也是他们汲取设计和创作灵感的重要源泉之一。在中国人看来，西方古典服装给人感觉繁复、雕琢、华丽、夸张（图7-1-2）；现代服装则简约、明朗、注重实用。中国人对西方也充满好奇，随着现代化进程全面深入地展开，以及受西方文化中心主义的影响，西方现代服装已成为研究、学习、模仿的对象。在现实生活中，当今中国人的穿着与西方人已没有什么区别。

　　中国的古典服饰图案强调平面格局，追求线条的流畅性、形象的完整性。图案特别着重装饰于服装的正面和背面，尤其讲究正面效果。服饰图案的丰富补充，反衬着服装造型的简洁。中国古典服装虽也重视图案与款式结构的契合，但更追求图案本身的表现，除了形象优美醒目外，还要借助图案阐释各种道理、理想和意义，具有明显的指征、寓意等作用。所以从某种角度上讲，**中国古典服饰图案是引导观者"通过服装看图案"**（图7-1-3）。

　　西方的古典服饰图案则强调立体的塑造，多追求契合服装结构的起伏和外观的整体表现。图案除了主要装饰于服装的正、背面外，还十分注重侧面的装饰效果。西方古典服饰图案虽也不乏指征、寓意的讲究(诸如纹章图案、十字分割等)，但大多都是贴近服装本身

图7-1-1 中国古典服装简洁、优雅

图7-1-2 西方古典服装华丽、夸张（《莫狄西埃夫人》，安格尔作品，1856年，法国）

图7-1-3 通过服装看图案（平金绣女式婚礼套装，20世纪20年代，山西）

的纯装饰。那些繁复的花边、缀饰、褶裥、立体花的大量运用，主要是为了使服装显得更加华丽、漂亮，营造一种气势。因此，可以说**西方的古典服饰图案是引导观者"通过图案看服装"**（图7-1-4）。

图7-1-4　通过图案看服装（《芙尔曼与女儿》，安东尼·凡·代克作品，1621年，佛兰德斯）

　　中国古典服装的结构、裁剪、工艺制作以及摆放方式都是平面的，只有穿在人身上活动起来时，才能显出它的立体、灵动和飘逸。服装上的图案装饰也只有通过穿着搭配才能表现出整体的显晦对比和层次变化。所以，**中国古典服饰图案的美感不仅体现于静态的展示，更体现于以穿着和穿着方式获得的立体视觉效果，从后一层意义上看，它更具有一种动态的、变化的特点。**

　　西方古典服装的结构、裁剪、工艺制作都是立体的，其图案装饰也是围绕立体而进行的，所以**无论是静态摆放，还是穿着于身，其视觉效果都是立体和固定不变的。图案具有一种直观的、相对稳定的特点。**

　　中国古典服装的造型结构和图案装饰，竭力烘托一种总体上的内聚感、稳定感，加上柔软、飘逸的虚空间(袖摆、裙边、飘带等)的陪衬，更显主体的持重与沉稳（图7-1-5）。

图7-1-5　总体上的内聚感、稳定感（《孟蜀宫伎图》，唐寅作品，明代）

　　西方古典服装的造型结构和图案装饰，在总体上多追求一种夸大、张扬感，通过虚实空间的起伏变化，强调对人体结构的阐释，给人以局部收缩、整体扩张的印象（图7-1-6）。

二、局部比较

　　1. **点状装饰**　点状装饰在视觉效果上具有集中、醒目的特点，故大多数中西古典服装都将其作居中或对称布置，并装饰于显著、重要的部位。但由于审美观念的不同和服装结构的差异，中国服装点状装饰的居中率略高于西方。

图7-1-6　局部收缩、整体扩张（欧洲十九世纪前期晚礼服）

2. **边缘装饰**　中西古典服装都十分讲究边缘装饰。它们不仅被运用得醒目、华丽，而且形式及表现手法也非常丰富。古典服装中边缘装饰出现频率之高，已在人们心目中形成了这样的印象和审美习惯，即凡带有繁密边饰的服装都具有古典美的意味，或者说要强调一种古典特色，就多在边缘部位做文章。

相比较而言，中国古典服装的边缘装饰多着重色彩对比，着重根据结构轮廓作平面勾勒式的界定（如领口、袖边、前襟、下摆等）。常通过边缘装饰取得精致、秀丽、安定的效果（图7-1-7）。

西方服装的边缘装饰除根据结构作轮廓勾勒外，还有一种夸张的作用，如在边缘部位常装饰各类立体花、褶皱、缨穗等，追求厚重、繁复的效果。通过宽厚的边缘装饰，进一步加强服装整体的膨胀、扩张感（图7-1-8）。

图7-1-7　边缘装饰显得精致、秀丽（《雍正妃行乐图》，佚名，清代）

图7-1-8　边缘装饰强调厚重、繁复（《玛丽·阿梅丽皇后》，佛朗斯·温特哈尔特作品，1842年，法国）

3. **满花装饰**　"满花"即指整个服装的通体装饰，是在服装上取得丰富华丽效果的常用手段。中西古典服饰中典型而完美的满花装饰不胜枚举，各具特色。

中国古典服装的满花装饰多为"均匀地分布"，除以服装的内外、上下及部件（如衫、袄、裙、裤、马甲、腰带等）来划分层次或装饰部位外，而很少做人为的分割处理。由于中国古典服装强调平面整体的装饰，更由于中国人的"求全"观念所致，还派生出一种独具特色的满花形式——"独棵花"装饰（民间也称"一条龙"），即将整枝的植物或花卉图案铺满整件衣服，甚或将整幅的"图画"搬到服装上，不但追求形象的完整，还要追求构图的完整、意义的完整。这种装饰形式在西方古典服装中是极少见到的（图7-1-9）。

图7-1-9　将整幅"图画"搬到服装上的满花装饰（女子绣花长袄及马面裙，
20世纪初，江苏，《中国民间美术全集》）

西方服装的满花多以细密、艳丽的纹饰布满整件衣服，除烘托服装本身的雍容华贵外，一般不表达更多的指征意义。装饰形式以"均匀分布"为主，也有不少"分割"装饰，例如基于表现层次的横向分割，基于附着褶裥的纵向分割，还有对称分割、十字分割等（图7-1-10）。

三、关于"对称"的比较

人体是对称的，所以服装的造型、结构大多是对称的，进而服装上的装饰布局也以对称居多，古今中外大抵如此。但就装饰形式而言，中西服饰又各有侧重。

中国古典服饰图案的对称形式常为"多向相对对称"。中轴线两侧或中心点周围的装饰元素，形象各异，分量相等，彼此之间虽方位不同，却有着一种"意"的联系和"势"的互动。诸如服饰上常见的"五毒"、"三多"、"龙凤呈祥"等图案形象，就是十分典型地在对称的格局中隐藏着循环运转的意韵。这种静中寓动的对称格式很像"卍"形

图7-1-10　纵向分割的满花装饰（19世纪中期，欧洲女子长裙）

（图7-1-11）。

　　西方古典服饰图案的对称形式则多为"左右绝对对称"。中线明确，各装饰元素布局方位相反，但形象相同、分量相等。西方许多图案的格局都是严谨对称的，很像横竖分明的"十"字形（图7-1-12）。

图7-1-11 静中寓动的对称格式（石青缎盘金绣女褂，19世纪后期）

图7-1-12 严谨的对称格式（《托莱多母子》，布隆奇诺作品，1544年，意大利）

四、关于"和谐"的比较

"和谐"能给人以美感。可是由于观念不同，审美角度各异，人们对和谐的理解与追求是不一样的。这也导致了中西服饰图案在"和谐"的表现上差异很大。

中国古典服饰图案的和谐多侧重于内容和意义上。为体现"五色俱全"的吉祥含义，常在服饰图案中将各种对比色、互补色放在一起；为表现"纯正"而多用"正色"、"本色"，看重意义的和谐远甚于色彩的和谐。在图案形象的塑造与组织方面，往往为求得总体内容的完满而忽略每个具体物象本身之间的客观存在关系，不惜利用象征、借代、谐音等手段把各种相去甚远的物象摆在一起。过去中国姑娘出嫁要穿红嫁衣，盖红盖头，戴蓝调的点翠凤冠，而肩上的云肩则是五彩缤纷的，并且上面饰满各色吉祥图案。在这里，"色彩关系"是一种相对的和谐、对比的和谐，它张扬着喜庆、欢快；图案形象也许各不相干，但它们的组合却编织出了美好的期盼和衷心的祝福（图7-1-13）。

图7-1-13　着凤冠云肩的晋南新娘（20世纪30～40年代）

西方古典服饰图案的和谐更侧重于视觉效果。图案中虽也常出现对比色、互补色，但往往在大的基调上讲求谐调一致，色彩的冷暖明暗倾向一般都比较明确。服饰图案配色中那种常见的纯白加金、纯黑加金、淡紫加银等在中国古典服饰图案中则很少见到。图案形象的塑造和运用虽也有某些象征和寓意，但更讲究与服装造型结构乃至整体风格的契合。西方新娘多穿白色婚纱，上面很少点缀色彩，即使有也极其浅淡，绝不破坏洁白的主调。在这里，色彩指征着"圣洁"之意，更在视觉效果上达到了一种单纯与和谐。西方人对色彩十分敏感，在服饰及服饰图案中用色非常考究，微妙的变化、恰当的配置、高度的和谐随处可见（图7-1-14）。

图7-1-14　俄罗斯婚礼服（当代，姜志群摄）

第二节　汉族传统服饰图案赏析

汉族是我国人口最多、分布最广的民族。在漫长的生产、生活进程中，汉族服饰逐渐形成了完整的体系，有着自己独特的风格。由于地理环境、自然气候、生产生活方式及历史、文化、习俗等因素的影响，各地的汉族传统服饰呈现出丰富多样的面貌。但总体而言，各地的汉族服饰又有着明显的趋同性，诸如款式结构的统一，制作工艺的类似，色彩选择的相同，特别是图案装饰的相近等。汉族服饰虽在各历史时期皆有发展变化，但在同一历史时期则是大体趋向一致的，尽管人口众多、分布广阔，然而从江南到北国、从沿海到内地，人们的服饰保持着基本的统一，而不像其他民族的服饰那样因地域的不同而出现许多迥异的支系类型。

汉族传统服饰的图案装饰十分发达并且风格鲜明，这不仅表现为极其丰富多样，还表现为极其精致讲究，更表现为蕴涵着深厚的意义指征，它从一个侧面反映了一个民族的高度文明，反映了一个民族的理想寄托和精神追求。

一、丰富多样

相对于汉族传统服饰的平面结构、造型简约而言，其图案装饰是非常丰富多样的，具体表现如下：

1. *题材的多样*　汉族传统服饰图案的题材内容涉猎广泛、意义繁多、洋洋大观、不胜枚举。归纳起来常见的图案有几大类：吉祥祝福、子孙繁衍、图腾崇拜、攘灾辟邪、神话传说、历史故事、生活场景、戏曲杂艺、物候历法等。

2. *形象的多样*　相应于丰富多彩的题材，其内容必然要通过各种形象和形式语言来表达，汉族传统服饰图案中的形象特别多样，可谓无所不有，包括人、神、动物、植物、景物、器物、文字、符号、几何形、抽象形、综合形等。

3. *艺术表现手法的多样*　乐观向上的民族精神和达观务实的价值取向，使得汉族在塑造图案形象时不仅追求悦目，更追求内在的意义，要"图必有意""借形说事"，进而形成了许多百姓运用自如的艺术表现手法，诸如寓意、象征、谐音、假借、指代、拟形等。

4. *造型手段的多样*　长期的艺术实践和浪漫的审美意趣催生了多样的造型手段，常用的有简化、夸张、繁化、巧合、添加、求全、写意、重构、组合、想象等，这些手法使服装上的图案形象更加优美、生动、富有情趣（图7-2-1）。

二、精致讲究

汉族传统服饰图案的艺术魅力和文化价值不仅表现在"多"，还表现在"精"，即方方面面都极其精致讲究，诸如构图布局、形象塑造、色彩搭配、工艺制作、材质配料等。

1. **构图布局的讲究** 汉族传统服饰图案的构图布局十分讲究，它紧紧结合着服装的结构、款式和功能，呈现出别具一格的特点。汉族传统服装造型简约而整体，图案装饰多为平面展开并分布于服装的前后，这直接形成了汉族传统服饰图案的一大特点，不管是单独的适合式纹样，还是散在的自由式碎花，乃至挽袖上的装饰布局，都像绘画一样注重形象的完整谐调和构图的均衡呼应，并且还出现了其他民族服饰上很难见到的所谓"独棵花"的格局样式（图7-2-2）。

图7-2-1 丰富多样的装饰格局、题材形象和造型手法（橙色缎镶边刺绣肚兜，传世，江苏）

图7-2-2 "独棵花"装饰（紫缎刺绣凤穿牡丹旗袍，20世纪早期，北京服装学院民族服饰博物馆藏品）

另外，服装平面结构的简洁线性特征，凸显了边缘装饰的重要性，它不但能丰富服装的视觉效果，更能提醒、勾勒出服装的总体轮廓，**这又形成了汉族传统服饰图案的另一大特点，即对服装的前襟、下摆、领口、袖边、开衩、裤脚等边缘部位装饰格外的强调和特别的讲究。**所以，汉族传统服饰的边缘常被装饰得醒目、繁密、精致，以至于成为服装装饰的"眼"和重点（图7-2-3）。

图7-2-3　对边缘的重视、讲究（绿暗花绸云肩镶边绣花棉袄，19世纪晚期）

再者，传统服饰图案的布局常常是根据服装的性质和款式来进行的，如礼服、男装多使用对称式，追求庄重大气；常服、女装、童装多使用散点式和自由式，显得轻松活泼；鞋帽、云肩、首饰多使用适合式，体现精致巧妙。裙装、旗袍多以"独棵花"构图，强调修长疏朗；马褂、短衣多以团花对称均匀排布，显得饱满而富有张力。带状装饰无论是宽是窄、是花是素、是单层还是多层都一定要沿服饰的边缘进行镶滚勾勒，以体现造型轮廓、款式特征。衣裤裙袍如此，鞋帽杂项亦如此。**由于图案构图布局的严谨讲究，使得汉族传统服饰华丽而不躁动，繁复而不杂乱，图案在大的框架格局下永远都是主次分明，井然有序的。**

2. **形象塑造的讲究**　汉族传统服饰图案的形象塑造可谓精美绝伦，这不仅因为其精细完美、生动传神，还因为其营造了一种气氛，形成了一种特殊形式。传统服装图案的形象一般比较概略简约、平面处理、不太写实，但无论是人物、动物，还是植物、花草，均极力表现出特有的动感和朝气。即便是其他无生命的物象，也要追求势态和神韵，每一个局部、每一个转角、每一根线条，都刻画得生机盎然。而且**形象之间力求线形的贯通、色彩的关联、空间的呼应，使服装的各装饰形象以一种内在的气韵联系在一起，构成不可拆散的整体。**

3. **色彩搭配的讲究** 受阴阳五行观念的影响，汉族传统服饰图案的用色始终遵循视青、红、皂、白、黄五色为正色的宗旨。在总体基调、主要形象上，通常喜用明朗、纯正的颜色；在色彩的搭配、局部的处理上，多追求五色俱全、丰富多彩，这便形成了传统服饰图案色彩突出的基本特点——**总体统一，局部对比；基调沉稳，细节跳跃**。服饰上五彩缤纷的图案总是有一个大色块来统辖，这个大色块或为衣料本色或为宽边的颜色。**底色的烘托、宽边的框定，使衣饰鲜艳多彩但绝不乱目，总是呈现出一种谐调和雅致**（图7-2-4）。

图7-2-4 色彩呈现出一种谐调和雅致（石青缎绣花对襟女褂，19世纪晚期）

4. **工艺制作的讲究** 精致、巧妙的工艺制作是汉族传统服饰图案的一大特色。织、染、绣、绘、镶、嵌、滚、拼、补、堆、贴等，手法繁多，种类齐全，技艺高超。无论是光彩绚丽的绸缎礼服，还是朴素无华的土布衣衫，处处都能看到齐整匀净的针脚、严丝合缝的缝制。丝线彩绣，碎布镶拼，复杂的纹饰，简洁的补贴，均一丝不苟、严谨精巧。气势恢宏的云肩、小巧玲珑的绣鞋，新娘的凤冠、小儿的围涎，图案形象无不以精湛绝妙的工艺显现。此外，由于汉族传统服饰非常强调线形勾勒，所以镶、嵌、滚工艺极见功力，如花型的搭襻盘扣，边角、开衩处的如意云头，还有富丽凹凸的多层边缘等，样样精彩。**精细的工艺制作使图案生辉，让服装增色，更显现出汉族服饰所独有的细腻、讲究**（图7-2-5）。

5. **材质配料的讲究** 汉族传统服饰很注重面料、里料以及其他装饰材料的质感选择和相互搭配。例如，一般服装面料讲究、装饰多样，而里料则常采用丝、棉平纹织物，而且多为浅色或与面料成对比色。这一方面为了实用，柔软滑爽的丝、棉里料穿着舒适、方便，并且制作时易于服帖、平整；另一方面，也体现审美，若隐若现或局部小面积露出的里料让人感觉明亮、清爽，并与面料形成反差和衬托，成为带有动感变化的"点缀"。再如，许多服装的领、襟、下摆、开衩处常用斜裁黑色素缎或斜纹布镶饰宽边，这在实用上可以加固、保护衣服；在制作上易于使边料自然弯曲延展、转折贴合；在视觉上则使边料与衣料在色彩、肌理、光泽等方面产生对比，呈现出沉稳大气的效果。所以，汉族传统服饰的面料、衬里、镶边、挽袖、套扣、配饰等经常是既对比互衬，又一致协调。在这里，粗涩与光滑、厚实与轻柔、致密与疏透等不同的材质总能在一定的基调上巧妙地结合在一起，显现统一中有变化、整体中有重点的效果。

图7-2-5 精致、细腻的工艺制作（肚兜局部，北京服装学院民族服饰博物馆藏品）

三、寓意深远

图案是装点美化服饰的，带有寓意图案的汉族传统服饰同时还多了一层意义和功能，即赋予着装者物质、审美需求以外的精神慰藉和情感寄托。诸如祝福护佑、明理教化、传情达意、提示暗喻等。这种意义功能通过图案中各种约定俗成、家喻户晓的形象符号表现出来。例如，女子出嫁的婚礼服上的凤穿牡丹、龙凤呈祥喻示着新人富贵吉祥、婚姻美满；老人服饰上的松鹤、桃子、蝙蝠是对长者多福多寿的祝祷；孩童背心上的五毒、鲤鱼跳龙门是对下一代的护佑和美好前途的期盼；常服上的梅兰竹菊、荷包上的岁寒三友暗喻着高尚的品格和做人要有气节；而鞋垫上的鱼戏莲、肚兜上的蝶恋花则象征着爱情的幸福……它们就像是一本本人人都能读懂的书，寓教化、明礼仪、赞美生活、寄托理想，联系人们的情感，维系人际间的和谐。通过服饰启迪人的心智、规范人的举止、陶冶人的情操，这不可不说是一种意义深远的高妙的手段，是一种积淀深厚的文化现象，这也正是汉族传统服饰图案能够繁盛发达、为老百姓喜闻乐见的原因之所在（图7-2-6）。

图7-2-6　赞美生活、寄托理想（蓝印花布，
"吉庆有余"围涎，江苏）

参考文献

[1]常沙娜. 中国织绣服饰全集[M]. 天津：天津人民美术出版社，2004.

[2]王朝闻. 中国民间美术全集[M]. 济南：山东教育出版社、山东友谊书社，1994.

[3]田自秉，吴淑生，田青. 中国纹样史 [M]. 北京：高等教育出版社，2003.

[4]庞薰琹. 中国历代装饰画研究 [M]. 北京：文化艺术出版社，2009.

[5]黄能馥，陈娟娟. 中国服饰史 [M]. 上海：上海人民出版社，2007.

[6]张乃仁，杨蔼琪. 外国服装艺术史[M]. 北京：人民美术出版社，1992.

[7]雷圭元. 图案基础[M]. 北京：人民美术出版社，1963.

[8]周锡保. 中国古代服装史 [M]. 北京：中国戏剧出版社，1984.

[9]张道一. 外国图案选[M]. 南京：江苏人民出版社，1982.

[10]李当岐. 服装学概论 [M]. 北京：高等教育出版社，1990.

[11]包铭新. 近代中国女装实录 [M]. 上海：东华大学出版社，2004.

[12]赵丰. 中国丝绸艺术史[M]. 北京：文物出版社，2005.

[13]赵茂生. 装饰图案[M]. 杭州：中国美术学院出版社，2005.

[14]陈建辉. 服饰图案设计与应用[M]. 北京：中国纺织出版社，2006.

[15]芮传明，余太山. 中西纹饰比较[M]. 上海：上海古籍出版社，1995.

[16]徐雯，张向宇. 装饰图案基础[M]. 上海：东华大学出版社，2008.

[17]中华世纪坛世界艺术馆. 俄罗斯民俗艺术展[M]. 北京：文物出版社，2006.

[18]杨成寅，林文霞. 雷圭元论图案艺术[M]. 杭州：中国美术学院出版社，1992.

[19]张少侠. 世界绘画珍藏大系[M]. 上海：上海人民出版社，1998.

[20]邹文. 中外丽人图[M]. 北京：长城出版社，2001.

[21]E. H. 贡布里西. 秩序感——装饰艺术的心理学研究[M]. 范景中，等译. 长沙：湖南科学技术出版社，1999.

[22]阿洛瓦·里格尔. 风格问题——装饰艺术史的基础 [M]. 刘景联，李薇蔓，译. 长沙：湖南科学技术出版社，1999.

[23]海野弘. 装饰与人类文化[M]. 陈进海，译. 济南：山东美术出版社，1990.

[24]瓦西里·康定斯基. 点·线·面——抽象艺术的基础[M]. 罗世平，译. 上海：上海人民美术出版社，1988.

[25]弗兰兹·萨雷斯·玛雅. 装饰艺术手册[M]. 孙建君，刘赦，译. 上海：上海人民美术出版社，1995.

[26]玛里琳·霍恩. 服饰：人的第二皮肤[M]. 乐竟泓，杨治良，等译. 上海：上海人民出版社，1991.

[27]约翰尼斯·伊顿. 设计与形态[M]. 朱国勤，译. 上海：上海人民美术出版社，1992.

[28]城一夫. 东西方纹样比较[M]. 孙基亮，译. 北京：中国纺织出版社，2006.

[29]N. 佩夫斯纳. 现代设计的先驱者——从威廉·莫里斯到格罗皮乌斯[M]. 王申祐，王晓京，译. 北京：中国建筑工业出版社，1987.

[30]时尚[J]. 2012.6.

[31]新娘 [J]. 2012.3.

[32]时尚芭莎[J]. 2012.6.

[33]裘皮服装与皮衣（FUR）[J]. 2012.6.

[34]意大利毛织品 [J]. 2012.6.

[35]儿童时装集锦[J]. 2012春—夏.

[36]儿童服饰 [J]. 2012春—夏.

[37]BOOK[M]. 2011.

[38]巴黎时装杂志[J]. 2012.

[39]ORIETTIVO MODA[M]. 2012.

[40]王朝闻. 美学概论[M]. 北京：人民出版社，1981.

附图（一） 中外服饰图案实例

附图1-1　古埃及服饰

附图1-2　南美洲印加人服饰

附图1-3　汉代帝王冕服示意图

附图1-4　宋代广袖女衫示意图

附图1-5　希腊约阿尼纳服饰复制品

附图1-6　北美印第安人（达科他人）的珠饰背心

附图1-7　意大利罗查二世加冕礼袍

附图1-8　喀麦隆传统服饰

附图1-9　土耳其传统服饰

附图1-10　俄罗斯宫装

附图1-11　苗族蜡染服装

附图1-12 汉族传统绣花裤（河南）

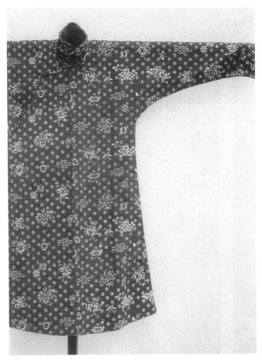

附图1-13 蓝印花布衣（浙江）

附图1-14 17世纪骑士服饰（《微笑的骑士》
佛兰斯·华尔斯作品 1624年 荷兰）

附图1-15 16世纪欧洲男子服饰
（油画作品）

附图1-16　18世纪贵妇服饰（《德·蓬帕杜尔夫人》
弗郎索瓦·布歇作品 1756年 法国）

附图1-17　中国皇后服饰（《清乾隆帝
孝贤纯皇后像》油画作品）

附图1-18　日本女子服饰（《花子蝴蝶梦之图》日本浮世绘）

附图1-19　清末女子服饰（油画作品）

附图1-20　墨西哥辉车尔人巫师服饰

附图1-21　非洲传统服饰

附图1-22　大洋洲毛利人文身及服饰

附图1-23　巴拿马圣布拉斯岛库那妇女服饰

附图1-24　俄罗斯布哈拉女子服饰

附图1-25　捷克农家女服饰

附图1-26　20世纪30年代中国影星

附图1-27　非洲巴马科人服饰（西豆·基塔摄）

附图1-29　白马藏族女装

附图1-28　欧洲传统服饰

附图1-30　印度女子服饰（王云摄）　　　　附图1-31　日本少女振袖和服

附图1-32　赫哲族男装

附图1-33　21世纪北京女研究生（王云摄）

附图1-34　江南水乡汉族传统女装

附图1-35　彝族女孩服饰

附图1-36　现代女装1　　　　　　　　　　　附图1-37　现代女装2

附图1-38　以克里姆特作品元素为主题的各种首饰（奥地利街头橱窗）

附图1-40　古典风格的各类手包、夹子

附图1-39　追求装饰丰富、又保持修长视觉效果的长筒袜

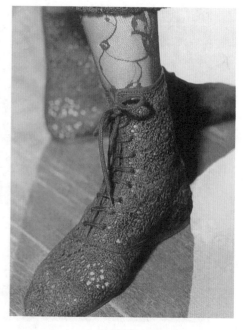

附图1-41　做工精致、花纹细丽的女鞋

附图（二） 学生作业

附图2-1 快速设计练习：系列装饰
——同款式、不同图案（唐铭作）

附图2-2 快速设计练习：系列装饰
——不同款式、同图案（张明月作）

附图2-3 快速设计练习：系列装饰
——不同款式、不同图案（赵媛作）

附图2-4 快速设计练习：系列装饰——同款
式、同图案（龙蕾作1）

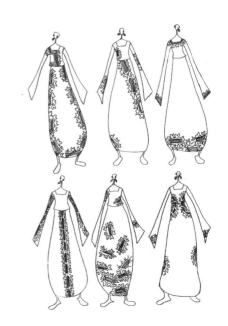

附图2-5 快速设计练习：系列装饰——同款
式、同图案（龙蕾作2）

附图2-6 图案采集设计练习（欧可可作）

附图2-7 图案采集设计练习（龙蕾作）

附图2-8 图案采集设计
练习（王兰作）

附图2-9 图案采集设计
练习（吕岩青作）

附图2-10 图案采集设计
练习（高迎秋作）

附图2-11 图案采集设计练习
（李硕作）

附图2-12 命题设计练习
（董文莺作）

附图2-13 命题设计练习（李莎作）

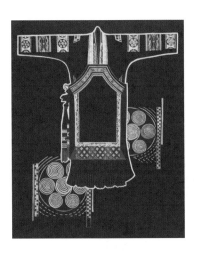

附图2-14　民族服饰元素采集设计练习1（张顿作）

附图2-17　民族服饰元素采集设计练习1（李静作）

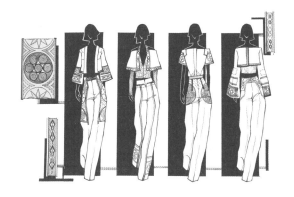

附图2-15　民族服饰元素采集设计练习2（张顿作）

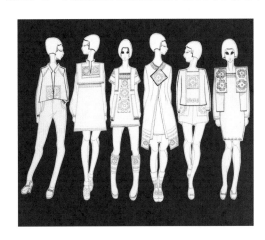

附图2-18　民族服饰元素采集设计练习2（李静作）

附图2-16　民族服饰元素采集设计练习3（张顿作）

附图2-19　民族服饰元素采集设计练习3（李静作）

附图2-20 民族服饰元素采集设计练习1（杨依雯作）

附图2-21 民族服饰元素采集设计练习2（杨依雯作）

附图2-22 民族服饰元素采集设计练习3（杨依雯作）

附图2-23 民族服饰元素采集设计练习1（李文静作）

附图2-24 民族服饰元素采集设计练习2（李文静作）

附图2-25 民族服饰元素采集设计练习3（李文静作）

附图2-26 民族服饰元素采集设计练习1（黄硕作）

附图2-29 民族服饰元素采集设计练习1（李想作）

附图2-27 民族服饰元素采集设计练习2（黄硕作）

附图2-30 民族服饰元素采集设计练习2（李想作）

附图2-28 民族服饰元素采集设计练习3（黄硕作）

附图2-31 民族服饰元素采集设计练习3（李想作）

附图2-32　民族服饰元素采集设计练习1（郭洇漪作）

附图2-33　民族服饰元素采集设计
练习2（郭洇漪作）

附图2-34　民族服饰元素采集设计练习1（李娇作）

附图2-35　民族服饰元素采集设计练习2（李娇作）